新起点电脑教程

Dreamweaver CS6 网页设计与制作基础教程

文杰书院 编著

清华大学出版社
北京

内 容 简 介

本书是"新起点电脑教程"丛书的一个分册，以通俗易懂的语言、精挑细选的实用技巧、翔实生动的操作案例，全面介绍了网页制作基础知识、Dreamweaver CS6 轻松入门、创建与管理站点、在网页中创建文本、使用图像与多媒体丰富网页内容、应用网页中的超级链接、在网页中应用表格、应用 CSS 样式美化网页、应用 CSS+Div 灵活布局网页、应用 AP Div 元素布局页面、应用框架布局网页、模板与库、使用行为创建动态效果和站点的发布与推广等方面的知识与操作。

本书配有一张多媒体全景教学光盘，收录了书中全部知识点的视频教学课程，同时还赠送了 4 套相关视频教学课程，以及多本电子图书和相关行业规范知识。超低的学习门槛和超多的光盘内容，可以帮助读者循序渐进地学习、掌握和提高。

本书面向学习 Dreamweaver CS6 软件的初中级用户，适合无基础又想快速掌握 Dreamweaver CS6 入门操作的读者，同时对有经验的 Dreamweaver CS6 使用者也有很高的参考价值，还可以作为高等院校相关专业课教材和社会培训机构的相关培训教材。

图书在版编目(CIP)数据

Dreamweaver CS6 网页设计与制作基础教程/文杰书院编著. —北京：清华大学出版社，2013(2024.8 重印）

(新起点电脑教程)

ISBN 978-7-302-34022-5

Ⅰ．①D… Ⅱ．①文… Ⅲ．①网页制作工具—教材 Ⅳ．①TP393.092

中国版本图书馆 CIP 数据核字(2013)第 234308 号

责任编辑：魏 莹
封面设计：杨玉兰
责任校对：李玉萍
责任印制：曹婉颖
出版发行：清华大学出版社
    网   址：https://www.tup.com.cn，https://www.wqxuetang.com
    地   址：北京清华大学学研大厦 A 座   邮   编：100084
    社 总 机：010-83470000   邮   购：010-62786544
    投稿与读者服务：010-62776969，c-service@tup.tsinghua.edu.cn
    质量反馈：010-62772015，zhiliang@tup.tsinghua.edu.cn
    课件下载：https://www.tup.com.cn，010-62791865
印 装 者：天津鑫丰华印务有限公司
经 销：全国新华书店
开 本：185mm×260mm 印 张：18.25 字 数：440 千字
    (附 DVD 1 张)
版 次：2014 年 1 月第 1 版 印 次：2024 年 8 月第 10 次印刷
定 价：39.00 元

产品编号：051104-01

致 读 者

"全新的阅读与学习模式 + 多媒体全景拓展教学光盘 + 全程学习与工作指导"三位一体的互动教学模式,是我们为您量身定做的一套完美的学习方案,为您奉上的丰盛的学习盛宴!

创造一个多媒体全景学习模式,是我们一直以来的心愿,也是我们不懈追求的动力,愿我们奉献的图书和光盘可以成为您步入神奇电脑世界的钥匙,并祝您在最短时间内能够学有所成、学以致用。

全新改版与升级行动

"新起点电脑教程"系列图书自 2011 年年初出版以来,其中的每个分册多次加印,创造了培训与自学类图书销售高峰,赢得来自国内各高校和培训机构,以及各行各业读者的一致好评,读者技术与交流 QQ 群已经累计达到几千人。

本次图书再度改版与升级,在汲取了之前产品的成功经验,摒弃原有的问题,针对读者反馈信息中常见的需求,我们精心设计改版并升级了主要产品,以此弥补不足,热切希望通过我们的努力不断满足读者的需求,不断提高我们的服务水平,进而达到与读者共同学习,共同提高的目的。

全新的阅读与学习模式

如果您是一位初学者,当您从书架上取下并翻开本书时,将获得一个从一名初学者快速晋级为电脑高手的学习机会,并将体验到前所未有的互动学习的感受。

我们秉承"打造最优秀的图书、制作最优秀的电脑学习软件、提供最完善的学习与工作指导"的原则,在本系列图书编写过程中,聘请电脑操作与教学经验丰富的老师和来自工作一线的技术骨干倾力合作编著,为您系统化地学习和掌握相关知识与技术奠定扎实的基础。

轻松快乐的学习模式

在图书的内容与知识点设计方面,我们更加注重学习习惯和实际学习感受,设计了更加贴近读者学习的教学模式,采用"基础知识讲解+实际工作应用+上机指导练习+课后小结与练习"的教学模式,帮助读者从初步了解与掌握到实际应用,循序渐进地成为电脑应用高手与行业精英。"为您构建和谐、愉快、宽松、快乐的学习环境，是我们的目标！"

赏心悦目的视觉享受

为了更加便于读者学习和阅读本书，我们聘请专业的图书排版与设计师，根据读者的阅读习惯，精心设计了赏心悦目的版式，全书图案精美、布局美观，读者可以轻松完成整个学习过程。"使阅读和学习成为一种乐趣，是我们的追求！"

更加人文化、职业化的知识结构

作为一套专门为初、中级读者策划编著的系列丛书，在图书内容安排方面，我们尽量摒弃枯燥无味的基础理论，精选了更适合实际生活与工作的知识点，帮助读者快速学习，快速提高，从而达到学以致用的目的。

- ◎ 内容起点低，操作上手快，讲解言简意赅，读者不需要复杂的思考，即可快速掌握所学的知识与内容。
- ◎ 图书内容结构清晰，知识点分布由浅入深，符合读者循序渐进与逐步提高的学习习惯，从而使学习达到事半功倍的效果。
- ◎ 对于需要实践操作的内容，全部采用分步骤、分要点的讲解方式，图文并茂，使读者不但可以动手操作，还可以在大量的实践案例练习中，不断提高操作技能和经验。

精心设计的教学体例

在全书知识点逐步深入的基础上，根据知识点及各个知识板块的衔接，我们科学地划分章节，在每个章节中，采用了更加合理的教学体例，帮助读者充分了解和掌握所学知识。

- ◎ 本章要点：在每章的章首页，我们以言简意赅的语言，清晰地表述了本章即将介绍的知识点，读者可以有目的地学习与掌握相关知识。
- ◎ 知识精讲：对于软件功能和实际操作应用比较复杂的知识，或者难以理解的内容，进行更为详尽的讲解，帮助您拓展、提高与掌握更多的技巧。
- ◎ 考考您：学会了吗？让我们来考考您吧，这对于您有效充分地掌握知识点具有总结和提高的作用。
- ◎ 实践案例与上机指导：读者通过阅读和学习此部分内容，可以边动手操作，边阅读书中所介绍的实例，一步一步地快速掌握和巩固所学知识。
- ◎ 思考与练习：通过此栏目内容，不但可以温习所学知识，还可以通过练习，达到巩固基础、提高操作能力的目的。

多媒体全景拓展教学光盘

本套丛书首创的多媒体全景拓展教学光盘，旨在帮助读者完成"从入门到提高，从实践操作到职业化应用"的一站式学习与辅导过程。

配套光盘共分为"基础入门"、"知识拓展"、"快速提高"和"职业化应用"4 个模块，每个模块都注重知识点的分配与规划，使光盘功能更加完善。

基础入门

在基础入门模块中，为读者提供了本书重要知识点的多媒体视频教学全程录像，同时还提供了与本书相关的配套学习资料与素材。

知识拓展

在知识拓展模块中，为读者免费赠送了与本书相关的 4 套多媒体视频教学录像，读者在学习本书视频教学内容的同时，还可以学到更多的相关知识，读者相当于买了一本书，获得了 5 本书的知识与信息量！

快速提高

在快速提高模块中，为读者提供了各类电脑应用技巧的电子图书，读者可以快速掌握常见软件的使用技巧、故障排除方法，达到快速提高的目的。

职业化应用

在职业化应用模块中，为读者免费提供了相关领域和行业的办公软件模板或者相关素材，给读者一个广阔的就业与应用空间。

图书产品与读者对象

"新起点电脑教程"系列丛书涵盖电脑应用各个领域，为各类初、中级读者提供了全面的学习与交流平台，帮助读者轻松实现对电脑技能的了解、掌握和提高。本系列图书具体书目如下。

分 类	图 书	读者对象
电脑操作基础入门	电脑入门基础教程(Windows 7+Office 2010 版)(修订版)	适合刚刚接触电脑的初级读者，以及对电脑有一定的认识、需要进一步掌握电脑常用技能的电脑爱好者和工作人员，也可作为大中专院校、各类电脑培训班的教材
	五笔打字与排版基础教程(2012 版)	
	Office 2010 电脑办公基础教程	
	Excel 2010 电子表格处理基础教程	
	计算机组装·维护与故障排除基础教程(修订版)	
	电脑入门与应用(Windows 8+Office 2013 版)	

续表

分 类	图 书	读者对象
电脑基本操作与应用	电脑维护·优化·安全设置与病毒防范	适合电脑的初、中级读者，以及对电脑有一定基础、需要进一步学习电脑办公技能的电脑爱好者与工作人员，也可作为大中专院校、各类电脑培训班的教材
	电脑系统安装·维护·备份与还原	
	PowerPoint 2010 幻灯片设计与制作	
	Excel 2010 公式·函数·图表与数据分析	
	电脑办公与高效应用	
图形图像与设计	Photoshop CS6 中文版图像处理	适合对电脑基础操作比较熟练，在图形图像及设计类软件方面需要进一步提高的读者，适合图像编辑爱好者、准备从事图形设计类的工作人员，也可作为大中专院校、各类电脑培训班的教材
	会声会影 X5 影片编辑与后期制作基础教程	
	AutoCAD 2013 中文版入门与应用	
	CorelDRAW X6 中文版平面创意与设计	
	Flash CS6 中文版动画制作基础教程	
	Dreamweaver CS6 网页设计与制作基础教程	
	Creo 2.0 中文版辅助设计入门与应用	
	Illustrator CS6 中文版平面设计与制作基础教程	
	UG NX 8.5 中文版基础教程	

全程学习与工作指导

为了帮助您顺利学习、高效就业，如果您在学习与工作中遇到疑难问题，欢迎来信与我们及时交流与沟通，我们将全程免费答疑。希望我们的工作能够让您更加满意，希望我们的指导能够为您带来更大的收获，希望我们可以成为志同道合的朋友！

您可以通过以下方式与我们取得联系：

QQ 号码：18523650

读者服务 QQ 群号：185118229 和 128780298

电子邮箱：itmingjian@163.com

文杰书院网站：www.itbook.net.cn

最后，感谢您对本系列图书的支持，我们将再接再厉，努力为读者奉献更加优秀的图书。衷心地祝愿您能早日成为电脑高手！

编 者

前 言

Dreamweaver CS6 是一款超强的集网页制作和网站管理功能于一身的网页编辑软件，可以轻而易举地制作出跨越平台限制的充满动感的网页，因此受到设计师和用户的喜爱。为了帮助读者快速掌握应用 Dreamweaver CS6 软件的要领，以便在日常工作中学以致用，我们编写了本书。

本书为读者快速掌握 Dreamweaver CS6 提供了一个崭新的学习与实践平台。无论是基础知识的讲解还是实践应用能力的训练，本书都充分地考虑了读者的需求，可以帮助读者快速获得理论知识并且同步提高应用能力。

本书在编写过程中根据读者的学习习惯，采用由浅入深、由易到难的方式讲解。读者还可以通过随书赠送的多媒体视频教学光盘进行学习。全书结构清晰，内容丰富，主要内容包括以下 4 个方面。

(1) 基础入门：本书第 1～2 章，介绍网页制作基础、网页的基本要素、网页中的色彩特性以及 Dreamweaver CS6 工作环境等内容。

(2) 网页制作与设计：本书第 3～7 章，全面介绍创建与管理站点、在网页中创建文本、使用图像与多媒体丰富网页内容、应用网页中的超链接和在网页中应用表格的操作方法与技巧。

(3) CSS 样式布局页面：本书第 8～11 章，介绍创建 CSS 样式、将 CSS 应用到网页、应用 CSS+Div 灵活布局网页、应用 AP Div 元素布局页面、应用框架布局网页等方面的操作方法与技巧。

(4) 动态网页设计：本书第 12～14 章，介绍利用模板和库创建网页、使用 JavaScript 行为创建动态效果的操作方法与技巧以及站点的发布与推广方面的知识。

本书由文杰书院组织编写，参与本书编写工作的有李军、袁帅、许媛媛、王超、刘蕾、徐伟、罗子超、李强、蔺丹、高桂华、李统财、安国英、蔺寿江、刘义、贾亚军、蔺影、李伟、田园、高金环、周军等。

我们真切希望读者在阅读本书之后，可以开阔视野，增长实践操作技能，并从中学习和总结操作的经验和规律，达到灵活运用的水平。鉴于编者水平有限，书中纰漏和考虑不周之处在所难免，热忱欢迎读者予以批评、指正，以便我们日后能为您编写更好的图书。

如果您在使用本书时遇到问题，可以访问网站 http://www.itbook.net.cn 或发邮件至 itmingjian@163.com 与我们交流和沟通。

编 者

目　录

新起点

电脑教程

第 1 章

网页制作基础知识

本章要点

- 📖 网页制作基础
- 📖 网页的基本要素
- 📖 网页中的色彩特性
- 📖 网页制作常用软件

本章主要内容

本章主要介绍网页制作基础和网页的基本要素方面的知识，同时还讲解网页中的色彩特性，在本章的最后还针对实际的工作需求，介绍网页制作的常用软件。通过本章的学习，读者可以掌握网页制作基础知识，为深入学习 Dreamweaver CS6 奠定基础。

1.1 网页制作基础

网页是构成网站的基本元素，也是网站信息发布的一种最常见的表现形式，主要由文字、图片、动画、音频、视频等信息组成。在学习网页之前，需要先了解网页的基础知识。本节将详细介绍网页制作方面的基础知识。

1.1.1 静态网页

在网站设计中，HTML 格式的网页通常被称为静态网页。早期的网站一般都是以静态网页的形式制作的。静态网页一般以.htm、.html、.shtml、.xml 等格式为后缀。在静态网页上，也可以出现如 GIF 动画、Flash、滚动字母等各种动态效果，如图 1-1 所示。

图 1-1

静态网页是相对于动态网页而言的，是指没有后台数据库、不含程序和不可交互的网页。静态网页具有以下特点。

➢ 每个静态网页都有一个固定的 URL 地址，并以.htm、.html 等格式为后缀。

➢ 静态网页的内容一经发布到网站服务器上，每个网页都是一个独立的文件。

➢ 静态网页的内容相对稳定，因此容易被搜索引擎检索。

➢ 静态网页没有数据库的支持，在网站制作和维护方面工作量较大，因此，当网站信息量很大时，完全依靠静态网页的形式进行制作比较困难。

➢ 静态网页的交互性较差，在功能方面也有较大的限制。

1.1.2　动态网页

与静态网页不同的是，动态网页的 URL 地址一般是以.aspx、.asp、.jsp、.php、.perl 和.cgi
等格式为后缀。

动态网页可以是纯文字内容的，同时也可以包含各种动画内容，这些都只是动态网页
的表现形式。无论网页是否具有动态效果，采用动态网站技术生成的网页都被称为动态网
页，如图 1-2 所示。

图 1-2

智慧锦囊

> 动态网页实际上并不是独立存在于服务器上的网页文件，只有当用户请求时，服
> 务器才返回一个完整的网页。

从网站浏览者的角度来看，无论是动态网页还是静态网页，都可以展示基本的文本内
容和图片信息；但从网站开发、管理和维护的角度来看，二者就存在很大的差别。

1.2　网页的基本要素

随着互联网日新月异的发展，网络已经渗透到每个人的生活中，并与通信娱乐、商业
贸易、办公等诸多领域相关联，所以，掌握网页的基本要素，对用户深入学习 Dreamweaver
CS6 有着至关重要的作用。本节将详细介绍网页基本要素方面的知识。

1.2.1 Logo

Logo 是代表企业形象或栏目内容的标志性图片，一般显示在网页的左上角。Logo 通常有 3 种尺寸：88 像素×31 像素、120 像素×60 像素和 120 像素×9 像素。

Logo 是一个站点的象征，也是一个站点是否正规的标志之一。好的 Logo 应体现该网站的特色、内容及其内在的文化内涵和理念，有着独特的形象标识，其在网站的推广和宣传中能起到事半功倍的效果，如图 1-3 所示。

图 1-3

1.2.2 Banner

Banner 是用于宣传网站内某个栏目或活动的广告，如图 1-4 所示。Banner 一般要求制作成动画的形式，因为动画能够吸引更多注意力，将介绍性的内容简练地加在其中，可达到宣传的效果。

网站 Banner 常见的尺寸是 480 像素×60 像素或 233 像素×30 像素。它使用 GIF 格式的图像文件，既可以使用静态图形，也可以使用动画图像。Banner 一般位于网页的顶部和底部，有时一些小型的广告还会被适当地放在网页的两侧。

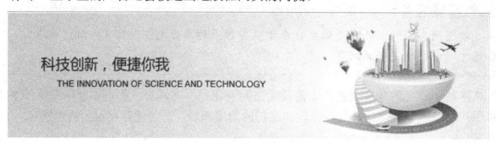

图 1-4

1.2.3 导航栏

导航栏是嵌入在网页中的一组超级链接，一般用于指引网站各部分内容之间的相互链接，以方便浏览站点，如图 1-5 所示。导航栏是网页的重要组成元素。

图 1-5

导航栏的形式多样，既可以是简单的文字链接，也可以设计成精美的图片链接或是丰富多彩的按钮，还可以是下拉菜单。

一般来说，网站中的导航栏的位置是比较固定的，其风格也较为一致。导航栏的位置一般有 4 种，即页面的左侧、右侧、顶部和底部。

1.2.4　文本

网页中的信息主要是以文本为主的，良好的文本格式可以创建出别具特色的网页，从而激发读者阅读的兴趣。

在网页制作的过程中，用户可以通过字体、大小、颜色、底纹、边框等模块来设计文本的属性，如图 1-6 所示。

图 1-6

1.2.5　图像

图像在网页中具有提供信息、展示形象、装饰网页、表达个人情趣和风格的作用。

图像是文本的说明和解释，在网页适当位置放置一些图像，不仅可以使文本清晰易读，而且可以使网页的展示更有吸引力，如图 1-7 所示。

在网页中，常用的图像格式包括 GIF、JPEG 和 PNG 等，其中使用最广泛的是 GIF 和 JPEG 两种格式。

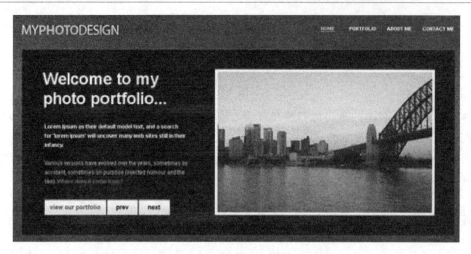

图 1-7

1.2.6 Flash 动画

常见的网页动画包括 GIF 动画和 Flash 动画两种。GIF 动画的标准简单，在各种类型、各种版本的浏览器中都能播放。

Flash 动画随着 ActionScript 动态脚本编程语言的发展，已经不再局限于制作简单的交互动画程序。通过复杂的动态脚本编程，用户可以制作出各种各样有趣、精彩的 Flash 动画，如图 1-8 所示。

图 1-8

1.3 网页中的色彩特性

色彩的运用在网页的制作过程中非常重要，只有掌握了配色的要领，才能设计出令人赏心悦目的网页。本节将详细介绍网页中的色彩特性。

1.3.1 相近色的应用

相近色是在网页设计中常用的色彩搭配，其特点是画面统一和谐。下面详细解释暖色调中相近色应用方面的知识。

暖色调主要由红色调组成，如红色、橙色和黄色。暖色调给人以温暖、舒适和活力的感觉，在网页设计中可以起到突出视觉效果的作用。

在网页中应用相近色时，要注意色块的大小和位置。例如图 1-9 所示的三种暖色调(R:120、G:40、B:15，褐色；R:160、G:90、B:40，咖啡色；R:180、G:130、B:90，浅咖啡色)。

图 1-9

不同的亮度会对人们的视觉产生不同的影响，一般来说，颜色重的会显得面积小，颜色浅的会显得面积大。

将同样面积和形状的三种颜色摆放在画面中，这样会使画面显得单调、乏味，所以过于平均化的颜色摆放在网页设计中是不可取的，如图 1-10 所示。

在颜色摆放的过程中，假设以颜色最重的褐色为主要色，摆放的面积最大；咖啡色作为中间色，面积稍小；浅咖啡色作为浅色，面积最小，这样画面立刻显得丰富饱满了，如图 1-11 所示。

图 1-10

图 1-11

1.3.2 对比色的应用

对比色在网页中的应用是很普遍的，其特点是使画面生动有活力，视觉效果更加强烈。下面详细介绍对比色应用方面的知识。

人们通过生活中的经验积累，对色彩有一种心理上的冷暖感觉，一般把橘红色定为暖色系、天蓝色定为冷色系。凡与暖色系相近的颜色和色组为暖色，如黄色、红色等；而与冷色系相近的颜色和色组为冷色，如蓝绿色、蓝色等。一般来说，黑色偏暖，白色偏冷，灰色、绿色、紫色为中性色。

在网页中应用对比色时，首先要注意的是定下整个画面的基本色调是以暖色调为主还是以冷色调为主。例如，在颜色块中设定两种对比色(R:37、G:42、B:45 和 R:244、G:152、B:0)，如图 1-12 所示。

图 1-12

设计的初始版式如图 1-13 所示。在色彩上，两种颜色的衔接有些生硬，所以需要使用渐变颜色进行中和，使整个画面和谐统一。所有网页元素的布局必须围绕该对比度版式来排列，根据构图的需要排列其他网页元素，注意要考虑好标题的位置、大小和颜色，以及内文的大小和灰度，得到的最终效果如图 1-14 所示。

图 1-13

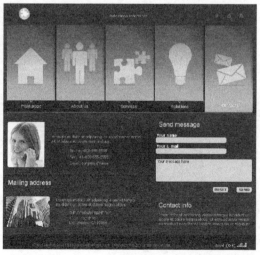

图 1-14

1.3.3 网页安全色

不同的颜色会使人感受到不同的效果，网页安全色是在不同硬件环境、不同操作系统、不同浏览器中都能够正常显示的颜色集合(调色板)，也就是说，这些颜色在任何终端上的显示效果都是相同的。

网络安全色是当红色(Red)、绿色(Green)、蓝色(Blue)的数字信号值(DAC Count)为 0、51、102、153、204、255 时构成的颜色组合，一共有 6×6×6 = 216 种颜色(其中 210 种为彩色，6 种为非彩色)，如图 1-15 和图 1-16 所示。

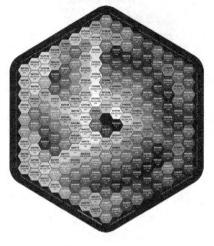

图 1-15　　　　　　　　　　　　　　图 1-16

智慧锦囊

216 种网页安全色在需要实现高精度的渐变效果或显示真彩图像时会有一定的欠缺，但用于显示徽标或者二维平面效果时却是绰绰有余的。

1.3.4　色彩模式

在进行图形图像处理时，色彩模式是以建立好的描述和重现色彩的模型为基础的。每一种模式都有它自己的特点和适用范围，用户可以根据需要，在不同的色彩模式之间进行转换。下面详细介绍几种常用的色彩模式。

1. RGB 色彩模式

自然界中绝大部分的可见光谱可以用红、绿、蓝三色光按不同比例和强度的混合来表示。RGB 分别代表 3 种颜色：R 代表红色，G 代表绿色，B 代表蓝色。RGB 模型也称为加色模型，通常用于光照、视频和屏幕图像编辑。RGB 色彩模式使用 RGB 模型为图像中每一个像素的 RGB 分量分配一个 0～255 范围内的强度值，如图 1-17 所示。

2. CMYK 色彩模式

CMYK 色彩模式以打印油墨在纸张上的光线吸收特性为基础，图像中每个像素都是由靛青色(C)、品红色(M)、黄色(Y)和黑色(K)按照不同的比例合成。由于 C、M、Y、K 四种成分的增多，反射到人眼的光会越来越少，光线的亮度会越来越低，所以 CMYK 色彩模式产生颜色的方法又被称为色光减色法，如图 1-18 所示。

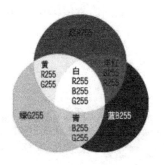

图 1-17

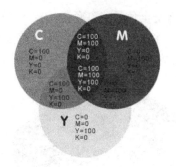

图 1-18

3. 位图色彩模式

位图(Bitmap)色彩模式的图像由黑色与白色两种像素组成，每一个像素用"位"来表示。"位"只有两种状态：0 表示有点，1 表示无点。位图色彩模式主要用于早期不能识别颜色和灰度的设备，通常用于文字识别。

4. 灰度色彩模式

灰度(Grayscale)色彩模式最多使用 256 级灰度来表现图像，图像中的每个像素都有一个 0(黑色)～255(白色)之间的亮度值，灰度值也可以用黑色油墨覆盖的百分比来表示(0%表示白色，100%表示黑色)。

在将彩色图像转换成灰度模式的图像时，会扔掉原图像中所有的色彩信息。与位图色彩模式相比，灰度色彩模式能够更好地表现高品质的图像效果。

5. 索引色彩模式

索引(Indexed)色彩模式是网页和动画中常用的图像模式。彩色图像被转换为索引色彩模式的图像后，能包含近 256 种颜色。这种模式主要在使用网页安全色彩和制作透明的 GIF 图片时使用。

1.4 网页制作常用软件

随着互联网技术的推进与更新，用于制作网页的软件的种类越来越多，其功能也越来越强大。本节将重点介绍网页制作常用软件方面的知识。

1.4.1 网页编辑排版软件 Dreamweaver CS6

Dreamweaver 是由 Macromedia 公司开发的一款网页编辑器，是针对专业网页设计师特别设计的一款视觉化网页开发工具，利用它可以轻而易举地制作出跨越平台限制和跨越浏览器限制的充满动感的网页。

Macromedia 公司于 2005 年 4 月被全球最大的图像编辑软件供应商 Adobe 公司收购。Dreamweaver CS6 是由 Adobe 公司最新推出的一款旗舰产品。

Dreamweaver CS6 具有制作效率高、网站管理快和网页控制能力强等优点，但其也具有一定的缺点，如代码难控制、效果难一致等。Dreamweaver CS6 的初始界面如图 1-19 所示。

图 1-19

1.4.2　图像制作软件 Photoshop CS6 和 Fireworks CS6

Photoshop CS6 与 Fireworks CS6 同为 Adobe 公司旗下的图像制作软件，通过它们，用户可以制作出精美绝伦的图像，并将其应用到网页中。

Photoshop CS6 是一款集图像扫描、图像制作、广告创意、图像输入与输出于一体的图形图像处理软件，其侧重平面图像的处理，是制作静态图像的利器。Photoshop CS6 的初始界面如图 1-20 所示。

Fireworks CS6 则是一款专为网页设计而开发的平面处理软件，它大大简化了网络图形设计的工作难度。使用 Fireworks CS6，用户能做出十分动感的 GIF 动画。Fireworks CS6 的初始界面如图 1-21 所示。

图 1-20

图 1-21

1.4.3 网页动画制作软件 Flash CS6

Flash CS6 是一款集动画创作与应用程序开发于一身的创作软件，它为数字动画和交互式 Web 站点的创建，以及桌面应用程序和手机应用程序的开发提供了功能全面的创作和编辑环境。

用户可以在 Flash 中创建原始的动画内容或者从其他 Adobe 应用程序，如在 Photoshop 中导入 Flash 文件，这样可以快速设计出简单精彩的动画。使用 Flash CS6，用户还可以使用 Adobe ActionScript 3.0 程序开发出高级的交互式项目等，如图 1-22 所示。

图 1-22

1.4.4 网页标记语言 HTML

网页标记语言，即 HTML(Hypertext Markup Language)，是用于描述网页文档的一种标记语言，也是一种规范，它通过标记符号来标记要显示的网页中的各个部分。

通过网页标记语言制作网页文档并不复杂，但功能强大，支持不同数据格式的文件嵌入。其主要特点如下。

➤ 简易性：网页标记语言版本升级采用超集方式，灵活方便。
➤ 可扩展性：网页标记语言的广泛应用带来了加强功能、增加标识符等要求，网页标记语言采取子类元素的方式，为系统扩展带来保证。
➤ 平台无关性：网页标记语言可以使用在广泛的平台上，没有平台限制。

 知识精讲

网页标记语言源程序的文件扩展名默认使用 htm 或 html，以便于操作系统或程序辨认。除自定义的汉字扩展名外，在使用文本编辑器时，用户应注意修改扩展名。

1.4.5　网页脚本语言 JavaScript

JavaScript 是 Netscape 公司开发的一种跨平台、面向对象的网页脚本语言(Web Script Language)，是目前流行的网页特效设计语言。

JavaScript 代码可直接嵌入 HTML 文件中，随网页一起传送到客户端浏览器，然后通过浏览器来解释执行。其具有脚本编写语言、基于对象的语言、简单性、动态性和跨平台等特点，可以有效地提高系统的工作效率。

JavaScript 使网页增加了互动性，同时可使有规律重复的 HTML 文段简化，减少下载时间。JavaScript 还可以及时响应用户的操作，对提交的表单作即时的检查，无须浪费时间交 CGI(Common Gateway Interface，通用网关接口)验证。

1.4.6　动态网页编程语言 ASP

ASP 是 Active Server Page 的缩写，意为"动态服务器页面"。ASP 是微软公司开发的用于代替 CGI 脚本程序的一种应用，它可以与数据库和其他程序进行交互，是一种简单、方便的编程工具。ASP 网页文件的格式是.asp，现在常用于各种动态网站中。

ASP 网页可以包含 HTML 标记、普通文本、脚本命令以及 COM 组件等。利用 ASP 可以向网页中添加交互式内容(如在线表单)，也可以创建使用 HTML 网页作为用户界面的 Web 应用程序。

与 HTML 相比，ASP 网页具有以下特点。

➢ 利用 ASP 可以实现突破静态网页的一些功能限制，实现动态网页技术。

➢ ASP 文件是包含在 HTML 代码所组成的文件中的，易于修改和测试。

➢ 服务器上的 ASP 解释程序会在服务器端执行 ASP 程序，并将结果以 HTML 的格式传送到客户端浏览器上，因此使用各种浏览器都可以正常浏览 ASP 所产生的网页。

➢ ASP 提供了一些内置对象，使用这些对象可以使服务器端的脚本功能更强。

➢ ASP 可以使用服务器端的 ActiveX 组件来执行各种各样的任务。

➢ 由于服务器是将 ASP 程序执行的结果以 HTML 的格式传回客户端浏览器，因此使用者不会看到 ASP 所编写的原始程序代码，可防止 ASP 程序代码被窃取。

➢ 方便连接 ACCESS 与 SQL 数据库。

1.5　思考与练习

一、填空题

1. 常见的网页动画包括_____和_____两种。

2. 从网站浏览者的角度来看，无论是_____还是_____，都可以展示基本的文本内容和图片信息，但从网站开发、_____和维护的角度来看，二者却存在很大的差别。

3. _____是构成网站的基本元素，也是网站信息发布的一种最常见的_____，主要由_____、图片、动画、_____、视频等信息组成。

4. Dreamweaver CS6 具有_____、网站管理快和网页控制能力强等优点，但其也具有一定的缺点，如代码难控制、_____等。

二、判断题

1. 图像在网页中具有提供信息、展示形象、装饰网页、表达个人情趣和风格的作用。
（　　）

2. 导航栏的位置一般有 3 种，即页面的左侧、顶部和底部。（　　）

3. 不同的颜色会使人感受到不同的效果，网页安全色是在不同硬件环境、不同操作系统、不同浏览器中都能够正常显示的颜色集合。（　　）

4. JavaScript 代码可直接嵌入 HTML 文件中，随网页一起传送到客户端浏览器，然后通过浏览器来解释执行。（　　）

三、思考题

1. 什么是静态网页？
2. 什么是 Banner？

新起点
电脑教程

第 2 章

Dreamweaver CS6 轻松入门

本章要点

- Dreamweaver CS6 工作环境
- 【插入】栏
- 可视化助理

本章主要内容

本章主要介绍 Dreamweaver CS6 工作环境方面的知识与技巧，同时还讲解【插入】栏和使用可视化助理的操作方法，在本章的最后还针对实际的工作需求，讲解使用辅助线和使用跟踪图像功能的方法。通过本章的学习，读者可以掌握 Dreamweaver CS6 入门方面的知识，为深入学习 Dreamweaver CS6 知识奠定基础。

2.1 Dreamweaver CS6 工作环境

启动 Dreamweaver CS6，进入 Dreamweaver CS6 工作环境，其中包括标题栏、菜单栏、工具栏、【插入】面板、编辑窗口、【属性】面板和浮动面板组个部分，如图 2-1 所示。

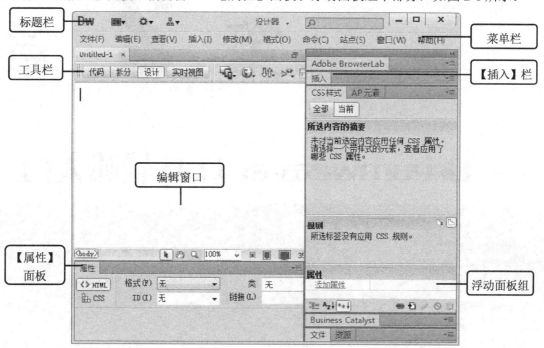

图 2-1

2.1.1 菜单栏

菜单栏中包括多个菜单，如【文件】、【编辑】、【查看】、【插入】、【修改】、【格式】、【命令】、【站点】、【窗口】和【帮助】等。选择任意一个菜单将弹出下拉菜单，从中选择不同的菜单命令可以完成不同的操作，如图 2-2 所示。

文件(F)	编辑(E)	查看(V)	插入(I)	修改(M)	格式(O)	命令(C)	站点(S)	窗口(W)	帮助(H)

图 2-2

➢ 【文件】菜单：包含【新建】、【打开】、【保存】、【保存全部】等命令，可用于查看当前文档或对当前文档执行操作。

➢ 【编辑】菜单：包含选择和搜索命令，如【选择父标签】命令和【查找和替换】命令。

➢ 【查看】菜单：用于查看文档的各种视图，如【设计】视图和【代码】视图，并且可用于显示和隐藏不同类型的页面元素和 Dreamweaver 工具及工具栏。

➢ 【插入】菜单：提供【插入】面板的替代项，可用于将对象插入到文档中。

➢ 【修改】菜单：用于更改选定页面元素或项的属性，如编辑标签属性、更改表格和表格元素、为库项和模板执行不同的操作。

➢ 【格式】菜单：用于对文本进行操作，包括设置字体、字形、字号、颜色、HTML/CSS样式、段落格式化、扩展、缩进、列表和文本的对齐方式等。

➢ 【命令】菜单：提供对各种命令的访问，包括设置代码格式的命令、创建相册的命令等。

➢ 【站点】菜单：提供用于管理站点以及上传和下载文件的命令。

➢ 【窗口】菜单：提供对 Dreamweaver 中所有面板、检查器和窗口的访问。

➢ 【帮助】菜单：提供对 Dreamweaver 文档的访问，包括关于使用 Dreamweaver 以及创建 Dreamweaver 扩展功能的帮助系统，还包括各种语言的参考材料。

 知识精讲

　　除了菜单栏中的菜单外，Dreamweaver 还提供多种右键菜单，用户可以方便地访问与当前选择或区域有关的常用命令。

2.1.2　工具栏

工具栏如图 2-3 所示。

| 代码 | 拆分 | 设计 | 实时视图 | 标题: 无标题文档 |

图 2-3

➢ 【代码】按钮：单击此按钮，可以在【编辑】窗口中显示【代码】视图。

➢ 【拆分、设计】按钮：单击此按钮，可以在【编辑】窗口的一部分中显示【代码】视图，而在另一部分中显示【设计】视图。

➢ 【实时视图】按钮：单击此按钮，可以显示不可编辑的、交互式的、基于浏览器的文档视图。

➢ 【多屏幕】按钮：单击此按钮，用户可以在不同尺寸的屏幕中显示文件效果。

➢ 【在浏览器中预览/调试】按钮：单击此按钮，从弹出的菜单中选择一种浏览器，即可在浏览器中预览或调试文档。

➢ 【文件管理】按钮：单击此按钮，可以弹出【文件管理】菜单。

➢ 【W3C 验证】按钮：单击此按钮，可以验证当前文档或选定的标签。

➢ 【浏览器的兼容性】按钮：单击此按钮，可以检查所设计的页面对不同类型的浏览器的兼容性。

➢ 【可视化助理】按钮：单击此按钮，可以使用不同的可视化助理来设计页面。

➢ 【刷新设计视图】按钮：在【代码】视图中进行更改后，单击此按钮，可刷新文档的【设计】视图。在执行某些操作之前，在【代码】视图中所做的更改不会自动显示在【设计】视图中。

➢ 【标题】文本框：可以为文档输入一个标题，其将显示在浏览器的标题栏中。如果文档已经有了一个标题，则该标题将显示在此文本框中。

2.1.3 【属性】面板

【属性】面板主要用于查看和更改所选择的对象的各种属性，其中包含两个选项卡，即 HTML 选项卡和 CSS 选项卡，而 HTML 选项卡为默认选项卡，如图 2-4 所示。

图 2-4

2.1.4 面板组

面板组是一组停靠在某个标题下面的相关面板的集合，如图 2-5 所示。如果要展开一个面板，只需单击该面板名称右侧的展开按钮即可，面板中集中了用于网页编辑和站点管理的选项。

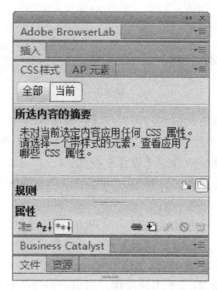

图 2-5

2.2 【插入】栏

【插入】栏中包含用于创建和插入对象(如表格、层和图像)的按钮。本节将详细介绍【插入】栏的知识。

2.2.1　【常用】插入栏

在【常用】插入栏中，可以创建和插入最常用的对象，如图像和表格，如图 2-6 所示。

图 2-6

> 【超级链接】按钮：单击此按钮，可以制作文本链接。
> 【电子邮件链接】按钮：单击此按钮，可以在文本框中输入 E-mail 地址或其他文字信息，然后在 E-mail 文本框中输入准确邮件地址，就可以自动插入邮件地址发送链接。
> 【命名锚记】按钮：单击此按钮，可以设置链接到网页文档的特定部位。
> 【水平线】按钮：单击此按钮，可以在网页中插入水平线。
> 【表格】按钮：单击此按钮，可以在主页的基础上构成元素。
> 【插入 Div 标签】按钮：单击此按钮，可以使用 Div 标签创建 CSS 布局块，并进行相应的定位。
> 【图像】按钮：单击此按钮，可以在文档中插入图像。
> 【媒体】按钮：单击此按钮，可以插入相关的媒体文件。
> 【构件】按钮：单击此按钮，可以将 Widget 添加到 Dreamweaver 中。
> 【日期】按钮：单击此按钮，可以插入当前的时间和日期。
> 【服务器端包括】按钮：单击此按钮，可以指示 Web 服务器在将页面提供给浏览器时在 Web 页面中包含指定的文件。
> 【注释】按钮：单击此按钮，可以插入注释。
> 【文件头】按钮：单击此按钮，可以按照指定的时间间隔进行刷新。
> 【脚本】按钮：包含几个与脚本有关联的按钮。
> 【模板】按钮：单击此按钮，在弹出的菜单中可以选择与模板相关的按钮。
> 【标签选择器】按钮：单击此按钮，可以查看、指定和编辑标签的属性。

2.2.2　【布局】插入栏

【布局】插入栏中包括【标准】和【扩展】两个选项卡，如图 2-7 所示。

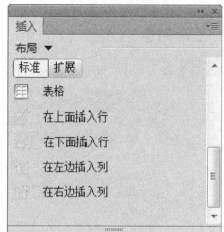

图 2-7

【标准】选项卡为默认选项卡，用于插入和编辑图像、表格和 AP 元素。

➢ 【插入 Div 标签】按钮：单击此按钮，可以插入 Div 标签。

➢ 【插入流体网格布局 Div 标签】按钮：单击此按钮，可以插入用于流体网格布局的 Div 标签。

➢ 【绘制 AP Div】按钮：单击此按钮，再在文档窗口中单击并拖动鼠标，可以绘制层。

➢ 【Spry 菜单栏】按钮：单击此按钮，可以创建横向或纵向的网页下拉菜单。

➢ 【Spry 选项卡式面板】按钮：单击此按钮，可以实现选项卡式面板的功能。

➢ 【Spry 折叠式】按钮：单击此按钮，可以添加折叠式菜单。

➢ 【Spry 可折叠面板】按钮：单击该按钮，可以添加可折叠面板。

【扩展】选项卡用于扩展表格的样式。

➢ 【表格】按钮：单击此按钮，可以在当前光标的位置插入表格。

➢ 【在上面插入行】按钮：单击此按钮，可以在当前行的上方插入一个新行。

➢ 【在下面插入行】按钮：单击此按钮，可以在当前行的下方插入一个新行。

➢ 【在左边插入列】按钮：单击此按钮，可以在当前列的左侧插入一个新列。

➢ 【在右边插入列】按钮：单击此按钮，可以在当前列的右侧插入一个新列。

2.2.3 【表单】插入栏

在 Dreamweaver CS6 中，表单输入类型称为表单对象，是动态网页中最重要的元素对象之一。【表单】插入栏如图 2-8 所示。

➢ 【表单】按钮：单击此按钮，可以在文档中插入表单。任何其他表单对象，如文本域、按钮等，都必须插入表单中，这样所有浏览器才能正确处理这些数据。

➢ 【文本区域】按钮：单击此按钮，可以在表单中插入文本域。文本域可接受任何类型的字母数字项，输入的文本可以显示为单行、多行或者显示为项目符号或星号(用于保护密码)。

➢ 【复选框】按钮：单击此按钮，可以在表单中插入复选框。通过复选框，可以选择任意多个适用的选项。

- ➢ 【单选按钮】按钮：单击此按钮，可以在表单中插入单选按钮。单选按钮代表互相排斥的选择，选择一组中的某个按钮，就会取消选择该组中的所有其他按钮。
- ➢ 【单选按钮组】按钮：单击此按钮，可以在表单中插入共享同一名称的单选按钮的集合。
- ➢ 【选择(列表/菜单)】按钮：单击此按钮，可以在列表中创建用户选项。
- ➢ 【跳转菜单】按钮：单击此按钮，可以插入可导航的列表或弹出式菜单。跳转菜单允许用户插入一种菜单，在这种菜单中的每个选项都链接到文档或文件。
- ➢ 【图像域】按钮：单击此按钮，可以在表单中插入图像。可以使用图像域替换【提交】按钮，以生成图形化按钮。
- ➢ 【文件域】按钮：单击此按钮，可以在文档中插入空白文本域和【浏览】按钮，可以浏览到硬盘上的文件，并将这些文件作为表单数据上传。
- ➢ 【按钮】按钮：单击此按钮，可以在表单中插入文本按钮。单击按钮时可执行任务，如提交或重置表单。用户可以为按钮添加自定义名称或标签，或者使用预定义的"提交"或"重置"标签之一。
- ➢ 【标签】按钮：单击此按钮，可以在文档中给表单加上标签，以<label></label>形式开头和结尾。
- ➢ 【字段集】按钮：单击此按钮，可以在文本中设置文本标签。

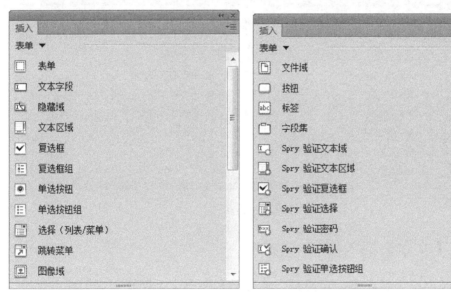

图 2-8

2.2.4　【数据】插入栏

【数据】插入栏用于插入各种数据，如 Spry 数据对象、记录集和插入记录等，如图 2-9 所示。

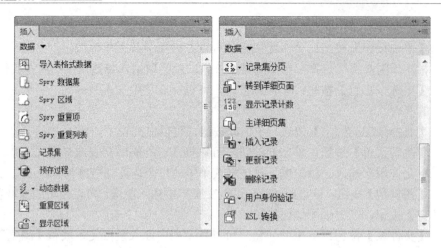

图 2-9

2.2.5　Spry 插入栏

Spry 插入栏包括 Spry 数据对象和构件等按钮。Spry 插入栏与【数据】插入栏和【表单】插入栏的功能相一致，如图 2-10 所示。

图 2-10

2.2.6　【文本】插入栏

文本是网页中最常见、运用最广泛的元素之一，是网页内容的核心部分。使用 Dreamweaver CS6 在网页中添加文本与在 Word 等文字处理软件中添加文本一样方便。【文本】插入栏如图 2-11 所示。

➢ 【粗体】按钮：单击此按钮，可以将文字设置为粗体。
➢ 【斜体】按钮：单击此按钮，可以将文字设置为斜体。
➢ 【加强】按钮：单击此按钮，可以增强文本厚度。
➢ 【强调】按钮：单击此按钮，可以以斜体表示文本。
➢ 【段落】按钮：单击此按钮，可以为文本设置一个新的段落。

> ➢ 【块引用】按钮：单击此按钮，可以将所选文字设置为引用文字，一般采用缩进效果。

> ➢ 【已编排格式】按钮：单击此按钮，所选文本区域可以保留多处空白，在浏览器中显示其中内容时，按照原有文本格式显示。

> ➢ 【标题 1/2/3】按钮：单击此按钮，可以设置标题。

> ➢ 【项目列表】按钮：单击此按钮，可以创建无序列表。

> ➢ 【编号列表】按钮：单击此按钮，可以创建有序列表。

> ➢ 【列表项】按钮：单击此按钮，可以设置列表项目。

> ➢ 【定义列表】按钮：单击此按钮，可以创建包含定义术语和定义说明的列表。

> ➢ 【定义术语】按钮：单击此按钮，可以定义专业术语等。

> ➢ 【定义说明】按钮：单击此按钮，可以在定义术语下方标注说明。

> ➢ 【缩写】按钮：单击此按钮，可以为当前选定的缩写添加说明文字。

> ➢ 【首字母缩写词】按钮：单击此按钮，可以指定与 Web 内容有类似含义的同义词，一般用于音频合成程序。

> ➢ 【字符】按钮：单击此按钮，可以插入特殊字符。

图 2-11

2.2.7　【收藏夹】插入栏

在【收藏夹】插入栏中，使用鼠标右击，即可自定义收藏夹对象，如图 2-12 所示。

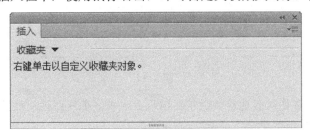

图 2-12

2.3 使用可视化助理

在 Dreamweaver CS6 中，使用可视化助理，用户可以更加准确地制作出精美的网页，本节将详细介绍使用可视化助理的知识与操作技巧。

2.3.1 使用标尺

在制作网页时，使用标尺，用户可以从【属性】面板中得到层的坐标。下面详细介绍使用标尺的操作方法。

第 1 步 启动 Dreamweaver CS6，①选择【查看】菜单；②在弹出的下拉菜单中，选择【标尺】命令；③在弹出的子菜单中，选择【显示】命令，如图 2-13 所示。

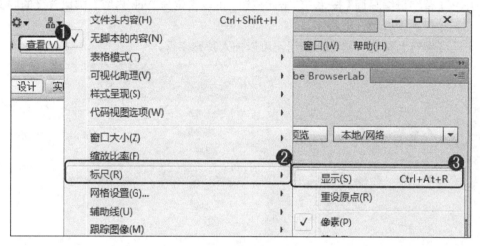

图 2-13

第 2 步 通过以上方法即可完成使用标尺的操作，此时标尺显示在 Dreamweaver CS6 窗口的左侧和上部，如图 2-14 所示。

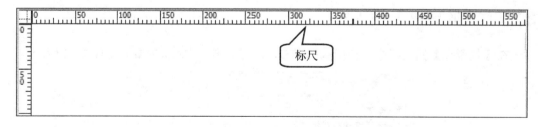

图 2-14

第 3 步 如果要更改度量单位，可在标尺上右击，在弹出的快捷菜单中选择【像素】、【英寸】或【厘米】命令即可，如图 2-15 所示。

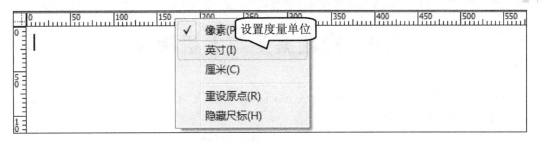

图 2-15

 智慧锦囊

如果要恢复标尺初始位置，可以在编辑窗口左上角双击标尺交点处，或者在菜单栏中选择【查看】→【标尺】→【重设原点】命令。

2.3.2　显示网格

网格可用于对层进行绘制、定位或大小调整，做可视化向导，还可用于对齐页面中的元素。下面详细介绍显示网格的操作方法。

第 1 步 启动 Dreamweaver CS6，①选择【查看】菜单；②在弹出的下拉菜单中选择【网格设置】命令；③在弹出的子菜单中，选择【显示网格】命令，如图 2-16 所示。

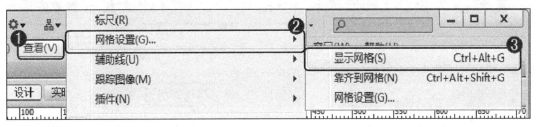

图 2-16

第 2 步 通过以上方法即可完成显示网格的操作，如图 2-17 所示。

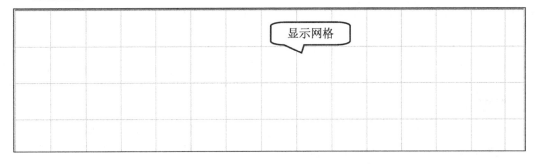

图 2-17

2.4 实践案例与上机指导

通过本章的学习，读者可以掌握 Dreamweaver CS6 入门方面的知识。下面通过练习操作，达到巩固学习、拓展提高的目的。

2.4.1 使用辅助线

在 Dreamweaver CS6 中，辅助线可以在创建网页时用于辅助定位。下面详细介绍使用辅助线的操作方法。

【第1步】 启动 Dreamweaver CS6，①选择【查看】菜单；②在弹出的下拉菜单中，选择【辅助线】命令；③在弹出的子菜单中，选择【显示辅助线】命令，如图 2-18 所示。

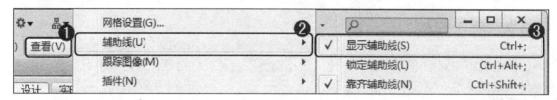

图 2-18

【第2步】 在左侧和上侧的标尺上，单击并拖拽鼠标，即可绘制辅助线，如图 2-19 所示。

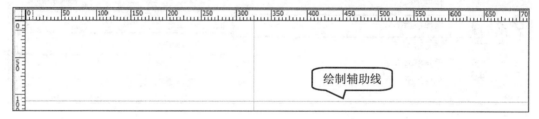

图 2-19

2.4.2 使用跟踪图像功能

在 Dreamweaver CS6 中，使用跟踪图像功能，可以指定在复制设计时作为参考的图像，该图像只供参考，当文档在浏览器中显示时并不出现。下面介绍使用跟踪图像功能的操作方法。

【第1步】 启动 Dreamweaver CS6，①选择【查看】菜单；②在弹出的下拉菜单中，选择【跟踪图像】命令；③在弹出的子菜单中，选择【载入】命令，如图 2-20 所示。

【第2步】 弹出【选择图像源文件】对话框，①选择要载入的图片文件；②单击【确定】按钮，如图 2-21 所示，这样即可载入图像。

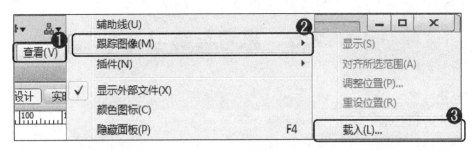

图 2-20

图 2-21

第3步 弹出【页面属性】对话框，①默认打开的是【跟踪图像】选项卡；②设置跟踪图像的【透明度】值；③单击【确定】按钮，如图 2-22 所示，这样即可将图像载入到【编辑】窗口中。

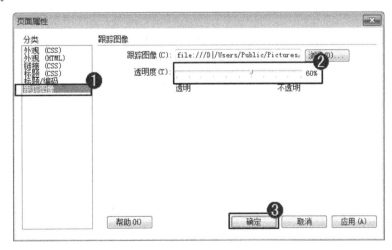

图 2-22

2.5 思考与练习

一、填空题

1. Dreamweaver CS6 工作环境包括_____、菜单栏、_____、【插入】栏、编辑窗口、【属性】面板和_____七个部分。

2. 【属性】面板主要用于查看和更改所选择的对象的各种属性，其中包含两个选项卡，即_____和_____。

3. 在_____插入栏中，可以_____和插入最常用的对象。

二、判断题

1. 面板组是几组停靠在某个标题下面的相关面板的集合。如果要展开一个面板，只需单击该面板名称右侧的展开按钮即可。   （   ）

2. 在【收藏夹】插入栏中，使用鼠标右击，即可自定义收藏夹对象。   （   ）

三、思考题

1. 菜单栏中包括哪些菜单？

2. 如何显示网格？

新起点
电脑教程

第 3 章

创建与管理站点

本章要点

- 创建本地站点
- 管理站点
- 管理站点中的文件

本章主要内容

　　本章主要介绍创建本地站点方面的知识与技巧，同时还讲解管理站点和管理站点中的文件的操作方法，在本章的最后还针对实际的工作需求，讲解站点的切换和使用站点地图的方法。通过本章的学习，读者可以掌握创建与管理站点方面的知识，为深入学习 Dreamweaver CS6 知识奠定基础。

3.1 创建本地站点

制作网页的目的是为了制作一个完整的网站，而 Dreamweaver CS6 是站点创建和管理的工具，使用它不仅可以创建单独的文档，还可以创建完整的站点。本节将重点介绍创建本地站点方面的知识，以便用户可以控制站点的结构，方便管理站点中的每个文件。

3.1.1 使用向导搭建站点

使用 Dreamweaver CS6 制作网页之前，用户首先需要定义一个新站点，这样不仅方便文件管理，同时也可以在制作网页的过程中，减少错误发生的概率。下面介绍使用向导搭建站点的操作方法。

第1步 启动 Dreamweaver CS6，①选择【站点】菜单；②在弹出的下拉菜单中，选择【管理站点】命令，如图 3-1 所示。

图 3-1

第2步 在弹出的【管理站点】对话框中单击【新建站点】按钮，如图 3-2 所示。

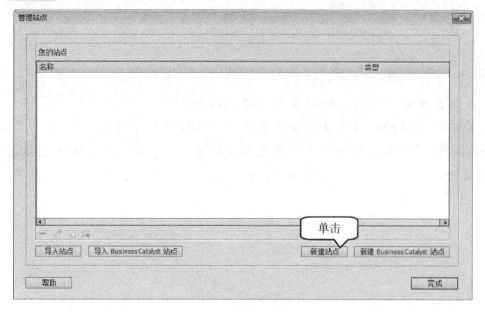

图 3-2

第 3 步 在弹出的【站点设置对象】对话框中，①选择【站点】选项卡；②在【站点名称】文本框中，输入准备使用的名称；③单击【本地站点文件夹】文本框右侧的【浏览文件夹】按钮，选择准备使用的站点文件夹路径；④单击【保存】按钮，如图 3-3 所示。

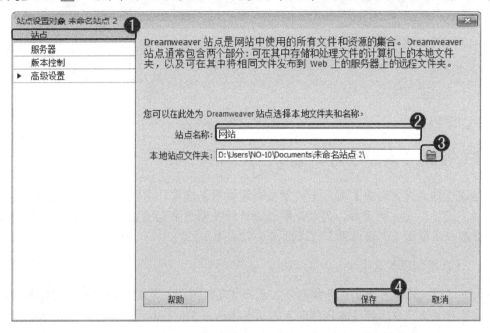

图 3-3

第 4 步 短暂更新站点缓存后，返回到【管理站点】对话框，其中显示了刚刚新建的站点，单击【完成】按钮，如图 3-4 所示。

图 3-4

第 5 步 此时，在【文件】面板中，即可看到创建的站点文件，如图 3-5 所示。

创建的站点

图 3-5

3.1.2 使用【高级设置】选项创建站点

通过【站点设置对象】对话框中的【高级设置】选项，可以不使用向导而直接创建站点信息，通过模式进行设置，可以让网页设计师在创建站点的过程中发挥更强的主控性。下面详细介绍使用【高级设置】选项创建站点的操作方法。

1. 【本地信息】选项卡

打开【站点设置对象】对话框后，①展开【高级设置】节点；②由于是创建本地站点，所以在展开的选项中选择【本地信息】选项卡，如图 3-6 所示。

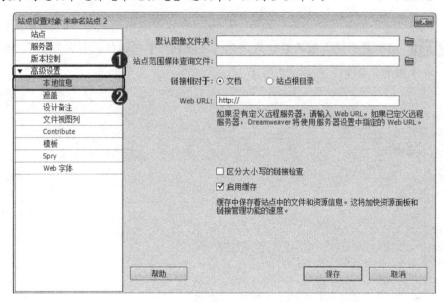

图 3-6

在【本地信息】选项卡中可以设置如下参数。

➢ 【默认图像文件夹】文本框：单击此文本框右侧的【浏览文件夹】按钮，可以设置本地站点图像的存储路径。

➢ 【站点范围媒体查询文件】文本框：在文本框中输入本地磁盘中存储站点文件，模板和库项目的文件夹的名称。

➢ 【链接相对于】选项组：用于更改所创建的到站点其他页面链接的相对路径。

➢ Web URL 文本框：Dreamweaver 使用 Web URL 创建站点根目录相对链接。

➢ 【区分大小写的链接检查】复选框：指定在 Dreamweaver 检查链接时是否要求链接的大小写与文件名的大小写匹配。

➢ 【启用缓存】复选框：指定是否创建本地缓存以提高链接和站点管理任务的速度。

2.【遮盖】选项卡

【遮盖】选项卡用于在进行站点操作的时候排除被遮盖的文件，如图 3-7 所示。

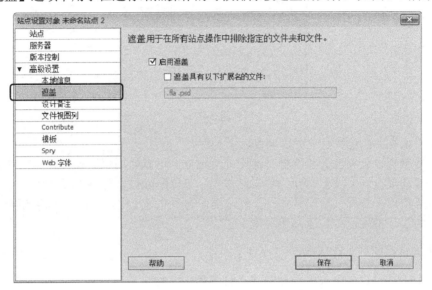

图 3-7

在【遮盖】选项卡中可以设置如下参数。

➢ 【启用遮盖】复选框：选中此复选框，则激活 Dreamweaver 的文件遮盖功能，默认情况下是选中状态。

➢ 【遮盖具有以下扩展名的文件】复选框：选中此复选框，可以对特定的文件使用遮盖，输入的文件类型不一定是文件扩展名，可以是任何形式的文件名结尾。

知识精讲

　　利用站点遮盖功能，用户可以从"获取"或"上传"等操作中排除某些文件和文件夹。用户还可以从站点操作中遮盖特定类型的所有文件(如 JPEG、FLV、XML 等)。Dreamweaver CS6 会记住每个站点的设置，因此用户不必每次在该站点上工作时都进行选择。

3.【设计备注】选项卡

【设计备注】选项卡用于在需要记录的过程中，添加信息，起到备注信息的作用，如图 3-8 所示。

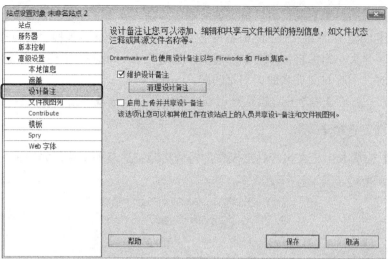

图 3-8

在【设计备注】选项卡中可以设置以下参数。

➤ 【维护设计备注】复选框：选中此复选框，可以启用保存设计备注的功能。

➤ 【清理设计备注】按钮：单击此按钮，可以删除过去保存的设计备注。

➤ 【启用上传并共享设计备注】复选框：选中此复选框，可以在上传或取出文件时，
将设计备注上传到远端服务器上。

4.【文件视图列】选项卡

【文件视图列】选项卡用于设置站点管理器中文件浏览窗口所显示的内容，如图 3-9
所示。

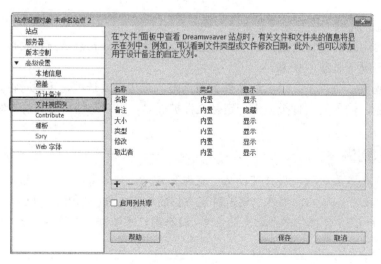

图 3-9

在【文件视图列】选项卡中可以设置如下参数。

➤ 【名称】：显示文件的名称。

➤ 【备注】：显示备注信息。

➢ 【大小】：显示文件的大小状况。

➢ 【类型】：显示文件的类型。

➢ 【修改】：显示修改的内容。

➢ 【取出者】：显示正在被谁打开和修改。

5. Contribute 选项卡

Contribute 选项卡用于提高与 Contribute 用户的兼容性，如图 3-10 所示。

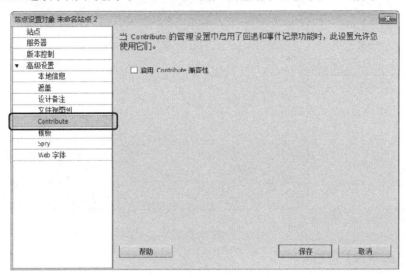

图 3-10

6. 【模板】选项卡

【模板】选项卡如图 3-11 所示。选中【不改写文档相对路径】复选框，则在更新站点中的模板时，不会改变写入文档的相对路径。

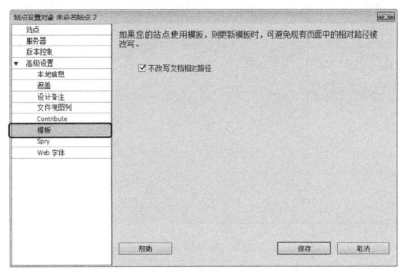

图 3-11

7. Spry 选项卡

Spry 选项卡用于设置 Spry 资源文件夹的位置，如图 3-12 所示。

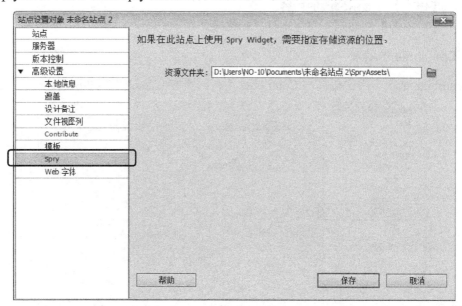

图 3-12

8. 【Web 字体】选项卡

【Web 字体】选项卡用于设置 Web 字体文件夹的位置，如图 3-13 所示。

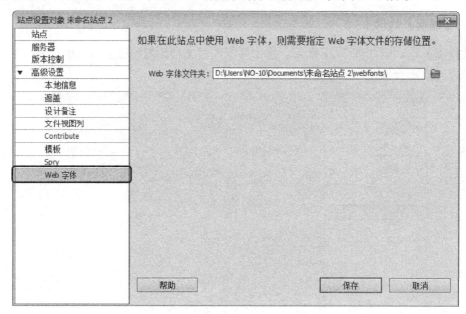

图 3-13

3.2　管理站点

在 Dreamweaver CS6 中，用户可以对本地站点进行管理，如进行打开、编辑、删除和
复制站点等操作。本节将重点介绍管理站点方面的知识。

3.2.1　打开站点

启动 Dreamweaver CS6 后，可以在【文件】面板中，单击左侧的下拉列表框，在弹出
的下拉列表中选择准备打开的站点，单击即可打开，如图 3-14 所示。

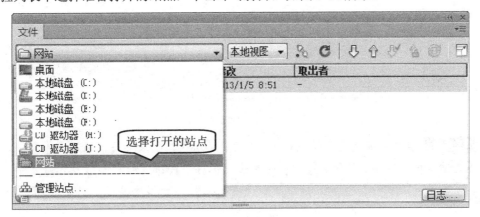

图 3-14

3.2.2　编辑站点

在 Dreamweaver CS6 中创建站点以后，用户可以对站点进行编辑。下面介绍编辑站点
的操作方法。

第 1 步　启动 Dreamweaver CS6，①选择【站点】菜单；②在弹出的下拉菜单中，选
择【管理站点】命令，如图 3-15 所示。

图 3-15

第 2 步　弹出【管理站点】对话框，①选择准备编辑的站点；②单击【编辑当前选定
的站点】按钮 ，如图 3-16 所示。

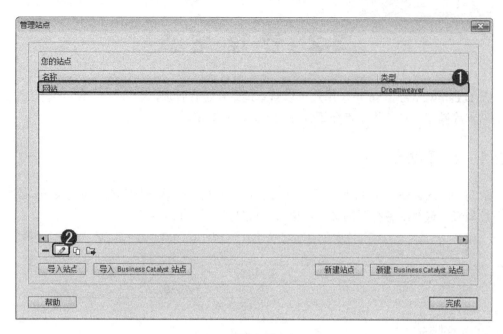

图 3-16

第3步 在弹出的【站点设置对象 网站】对话框，①展开【高级设置】节点，在其下的各选项卡中进行相应的编辑操作；②单击【保存】按钮，如图 3-17 所示。

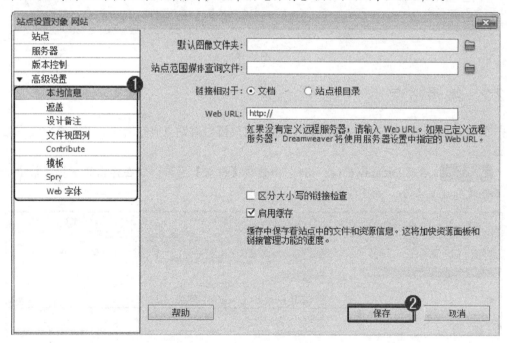

图 3-17

第4步 返回到【管理站点】对话框，单击【完成】按钮，即可完成编辑站点的操作，如图 3-18 所示。

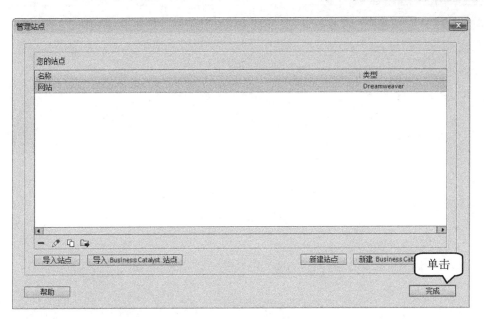

图 3-18

3.2.3　删除站点

在 Dreamweaver CS6 中，如果不再需要站点，用户可以将其从站点列表中删除。下面介绍删除站点的操作方法。

第1步　启动 Dreamweaver CS6，①选择【站点】菜单；②在弹出的下拉菜单中，选择【管理站点】命令，如图 3-19 所示。

图 3-19

知识精讲

删除站点的操作实际上只是删除 Dreamweaver 同该站点之间的关系，但是实际上本地站点内容仍然保存在磁盘相应的位置中，用户可以重新创建指向其位置的新站点，重新对其进行管理。

第2步　在弹出的【管理站点】对话框中，①选择准备删除的站点；②单击【删除当前选定的站点】按钮 ➖ ，如图 3-20 所示。

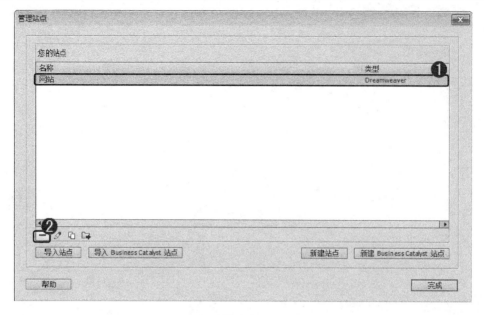

图 3-20

第3步 弹出 Dreamweaver 对话框，单击【是】按钮，即可完成删除站点的操作，如图 3-21 所示。

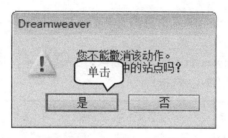

图 3-21

3.2.4 复制站点

在 Dreamweaver CS6 中，当用户准备创建多个结构相同或类似的站点时，可以进行复制站点的操作，具体操作方法如下。

第1步 启动 Dreamweaver CS6，①选择【站点】菜单；②在弹出的下拉菜单中，选择【管理站点】命令，如图 3-22 所示。

图 3-22

第2步　在弹出的【管理站点】对话框中，①选择准备复制的站点；②单击【复制当前选定的站点】按钮，如图 3-23 所示。

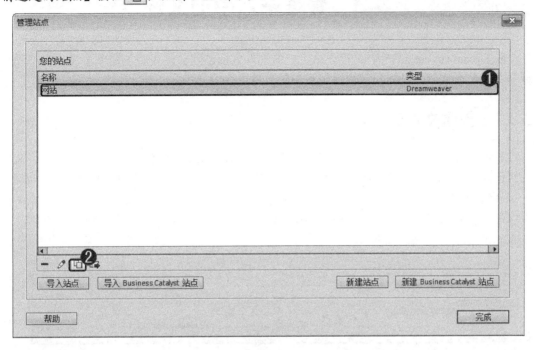

图 3-23

第3步　在弹出的【管理站点】对话框中，①选择的站点已经成功复制；②单击【完成】按钮，即可完成复制站点的操作，如图 3-24 所示。

图 3-24

3.3 管理站点中的文件

在 Dreamweaver CS6 中，管理站点中的文件包括创建文件夹、创建网页文件、移动和复制文件等。本节将详细介绍管理站点中的文件方面的知识。

3.3.1 创建文件夹

通过文件夹，可以使站点中的文件数据有规律地放置，方便站点的设计和修改。文件夹创建好以后，就可以在文件夹里创建相应的文件。下面详细介绍创建文件夹的操作方法。

启动 Dreamweaver CS6，在【文件】面板中，①右击准备创建文件夹的父级文件夹；②在弹出的快捷菜单中选择【新建文件夹】命令，这样即可完成创建文件夹的操作，如图 3-25 所示。

图 3-25

3.3.2 创建网页文件

在 Dreamweaver CS6 中，同样可以创建网页文件，其方法与创建文件夹的方法相同。下面详细介绍创建网页文件的操作方法。

启动 Dreamweaver CS6，在【文件】面板中，①右击准备创建网页文件的父级文件夹；②在弹出的快捷菜单中选择【新建文件】命令，即可完成创建网页文件的操作，如图 3-26 所示。

图 3-26

3.3.3　移动和复制文件

在进行文件管理的过程中，用户还可以移动和复制文件。下面详细介绍移动和复制文件的操作方法。

启动 Dreamweaver CS6，在【文件】面板中，右击准备要移动或复制的文件，在弹出的快捷菜单中，选择【编辑】→【剪切】命令，则可以进行移动文件的操作；选择【编辑】→【复制】命令，则可以进行复制文件的操作，如图 3-27 所示。

图 3-27

3.4　实践案例与上机指导

通过本章的学习，读者可以掌握创建与管理站点方面的知识。下面通过练习操作，达到巩固学习、拓展提高的目的。

3.4.1　站点的切换

在 Dreamweaver CS6 中，用户可以进行切换站点的操作。在【文件】面板中，①单击左侧的下拉列表框；②在弹出的下拉列表中，选择准备切换的站点，即可完成切换站点的操作，如图 3-28 所示。

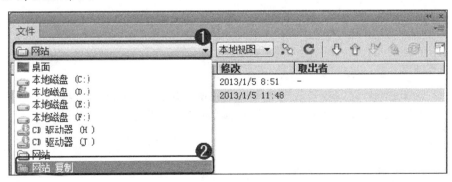

图 3-28

3.4.2 使用站点地图

站点地图可以树形结构图的方式显示站点中文件的链接关系，在站点地图中可以添加、修改、删除文件间的链接关系。下面介绍使用站点地图的操作方法。

第1步 在【文件】面板中，单击【展开以显示本地和远端站点】按钮，展开【文件】面板，如图 3-29 所示。

图 3-29

第2步 展开【文件】面板后，面板左侧显示站点地图，右侧以列表形式显示站点中的文件，如图 3-30 所示。

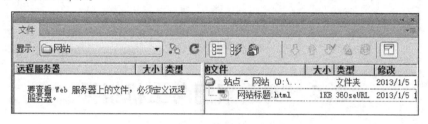

图 3-30

3.5 思考与练习

一、填空题

1. 用户可以对本地站点进行管理，如进行_____、编辑、_____和_____站点等操作。

2. 通过文件夹，可以使站点中的文件数据_____的放置，方便站点的_____和_____。

二、判断题

1. 在 Dreamweaver CS6 中创建站点以后，用户不可以对站点进行编辑。　　　（　　）

2. 在进行文件管理的过程中，用户还可以移动和复制文件。　　　（　　）

三、思考题

1. 如何打开站点？

2. 如何创建文件夹？

新起点
电脑教程

第 4 章

在网页中创建文本

本章要点

- 文本的基本操作
- 插入特殊文本对象
- 项目符号和编号列表
- 插入页面的头部内容

本章主要内容

　　本章主要介绍文本基本操作和插入特殊文本对象方面的知识与技巧，同时还讲解创建项目符号、编号列表和插入页面的头部内容的操作方法，在本章的最后还针对实际的工作需求，讲解查找与替换和在【代码】视图中创建 HTML 页面的方法。通过本章的学习，读者可以掌握在网页中创建文本方面的知识，为深入学习 Dreamweaver CS6 知识奠定基础。

4.1 文本的基本操作

文本是网页的基本元素，在网页中创建文本，不仅可以在网页中传递网站制作者的思想，同时还有存储信息量大、输入修改方便、生成方便等特点，所以，掌握文本的基本操作，对用户来说非常重要。本节将重点介绍文本基本操作方面的知识。

4.1.1 输入文本

文字是人类语言最基本的表达方式，在制作网页的过程中，文本的应用是非常重要的。下面详细介绍在网页中输入文本的操作方法。

启动 Dreamweaver CS6，选择准备使用的输入法，将光标定位在 Dreamweaver CS6 的编辑窗口中，即可输入文本，如图 4-1 所示。

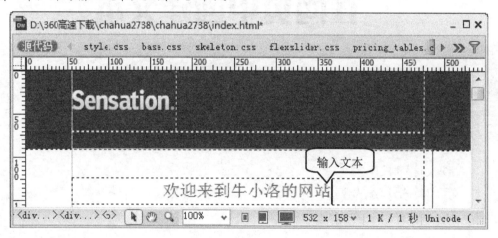

图 4-1

知识精讲

在【记事本】中，将文本内容全部选中后右击，在弹出的快捷菜单中选择【复制】命令，切换至 Dreamweaver CS6，在编辑窗口中右击，在弹出的快捷菜单中选择【粘贴】命令，即可完成复制文本并将其粘贴至 Dreamweaver 的操作。

4.1.2 设置字体

在 Dreamweaver CS6 中输入文本后，用户可以对创建的文本进行字体的设置。下面介绍设置字体的操作方法。

第1步 打开 Dreamweaver CS6，单击展开【属性】面板，①单击【字体】下拉列表框的下拉按钮▼；②选择【编辑字体列表】选项，如图 4-2 所示。

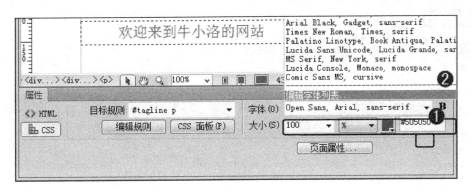

图 4-2

第2步 在弹出的【编辑字体列表】对话框中，①在【字体列表】列表框中，选择【(在以下列表中添加字体)】选项；②在【可用字体】列表框中，选择准备应用的字体；③单击【导入】按钮 << ；④在【选择的字体】列表框中，即会显示添加的字体；⑤单击【确定】按钮，如图 4-3 所示。

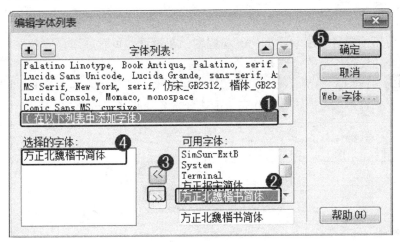

图 4-3

第3步 返回到 Dreamweaver CS6 编辑窗口，在【属性】面板中，①单击【字体】下拉列表框的下拉按钮 □ ；②选择刚刚添加的字体，如图 4-4 所示。

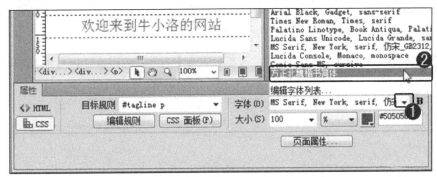

图 4-4

第4步 通过以上方法即可完成设置字体的操作，效果如图 4-5 所示。

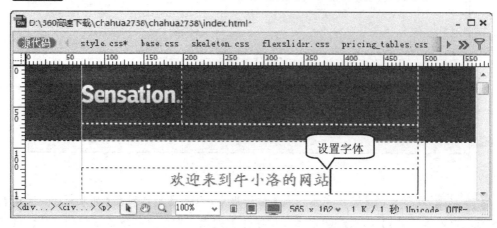

图 4-5

4.1.3　设置字号

网页中使用的字号会影响网页的美观程度，在设置网页时，用户应对文本设置合适的字号。下面介绍设置字号的操作方法。

第1步 打开 Dreamweaver CS6，①选中需要设置字号的文本；②在【属性】面板中，单击【大小】下拉列表框的下拉按钮；③选择准备使用的字号选项，如图 4-6 所示。

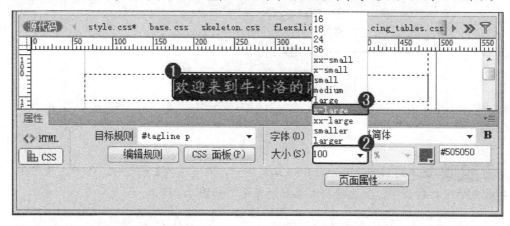

图 4-6

第2步 弹出【新建 CSS 规则】对话框，①在【选择器名称】下拉列表框中输入名称；②单击【确定】按钮，如图 4-7 所示。

第3步 通过以上方法即可完成设置字号的操作，效果如图 4-8 所示。

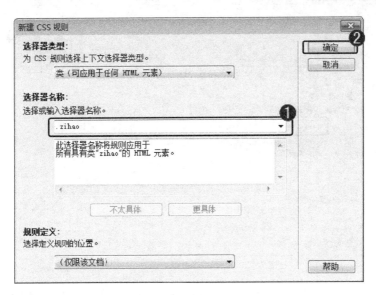

图 4-7

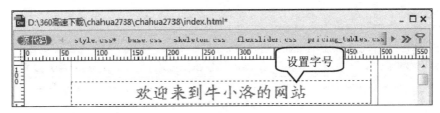

图 4-8

4.1.4　设置字体颜色

在设置字体字号的同时，还可以对字体的颜色进行设置，以得到美观的页面。下面详细介绍设置字体颜色的操作方法。

第 1 步　打开 Dreamweaver CS6，在【属性】面板中，①单击【文本颜色】按钮▓；②在弹出的调色板中，选择所需的颜色，如图 4-9 所示。

图 4-9

第 2 步　在弹出的【新建 CSS 规则】对话框中，①在【选择器名称】下拉列表框中输入名称；②单击【确定】按钮，如图 4-10 所示。

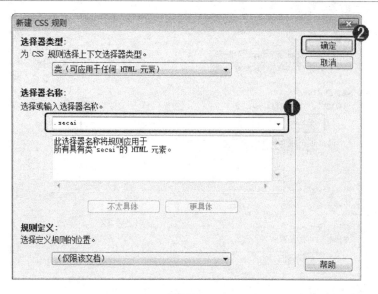

图 4-10

第3步 通过以上方法即可完成设置字体颜色的操作，效果如图 4-11 所示。

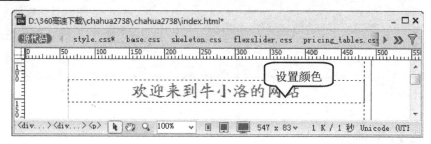

图 4-11

4.1.5 设置字体样式

在 Dreamweaver CS6 中，用户还可以对字体的样式进行设置。下面介绍设置字体样式的操作方法。

第1步 打开 Dreamweaver CS6，在【属性】面板中，单击【粗体】按钮 **B** ，这样可使文本在粗体和正常体之间进行切换，如图 4-12 所示。

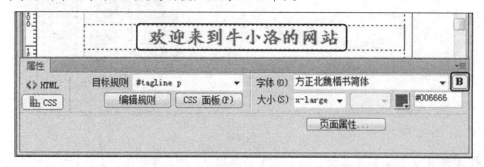

图 4-12

第2步 在【属性】面板中，单击【斜体】按钮 I ，这样可使文本在斜体和正常体之间进行切换，如图 4-13 所示。

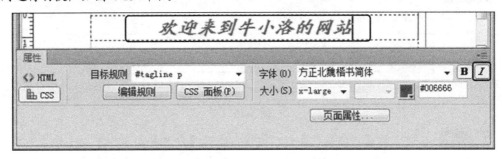

图 4-13

4.1.6　设置段落

在 HTML 中，段落共定义 6 级标题，从 1 级到 6 级，各级标题的字体依次递减。下面介绍设置段落的操作方法。

打开 Dreamweaver CS6，在【属性】面板中，①单击【格式】下拉列表框的下拉按钮 ▼ ；②在弹出的下拉列表中，选择准备应用的选项，如图 4-14 所示。

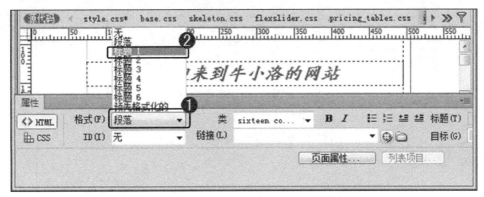

图 4-14

【格式】下拉列表框中包含以下选项。

➢ 【段落】选项：选择该选项，则将插入点所在的文字块定义为普通段落，其两端分别被添加<p>和</p>标记。

➢ 【预先格式化的】选项：选择该选项，则将插入点所在的段落设置为格式化文本，其两端分别被添加<pre>和</pre>标记。此时，文字中间的所有空格和回车等格式全部被保留。

➢ 【无】选项：选择该选项，则取消对段落的指定。

4.1.7　设置是否显示不可见元素

在 Dreamweaver CS6 中，还可以设置是否显示不可见元素，这样可以方便用户编辑网

页。下面介绍设置是否显示不可见元素的操作方法。

第1步 打开 Dreamweaver CS6，①选择【编辑】菜单；②在弹出的下拉菜单中，选择【首选参数】命令，如图 4-15 所示。

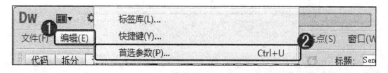

图 4-15

第2步 在弹出的【首选参数】对话框中，①在【分类】列表框中，选择【不可见元素】选项；②在【不可见元素】选项卡中，根据需要选中或取消选中【显示】选项组中的相应复选框；③单击【确定】按钮，如图 4-16 所示，这样即可完成设置是否显示不可见元素的操作。

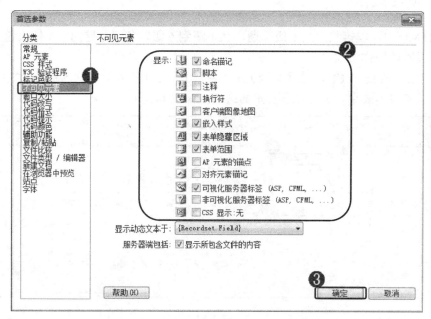

图 4-16

4.2 插入特殊文本对象

在网页中，用户还可以插入一些特殊文本对象，如插入特殊字符、插入水平线、插入注释和插入日期等。本节将详细介绍插入特殊文本对象方面的知识。

4.2.1 插入特殊字符

在 Dreamweaver CS6 中，特殊字符包含换行符、空格版权信息和注册商标等。下面详细介绍插入特殊字符的操作方法。

第1步　在 Dreamweaver CS6 中，将鼠标光标定位于编辑窗口，①选择【插入】菜单；②在弹出的下拉菜单中，选择 HTML 命令；③在弹出的子菜单中，选择【特殊字符】命令；④在弹出的子菜单中，选择准备插入的特殊字符，如选择【商标】命令，如图 4-17 所示。

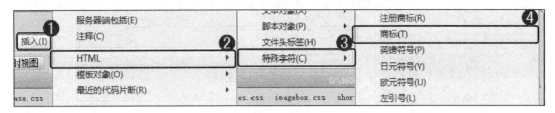

图 4-17

第2步　通过以上方法即可完成插入特殊字符的操作，效果如图 4-18 所示。

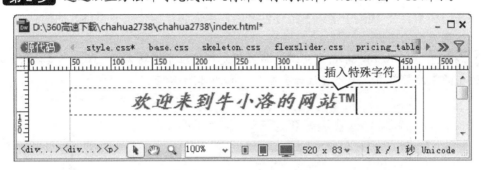

图 4-18

4.2.2　插入水平线

在 Dreamweaver CS6 中，用户可以运用水平线分隔文档内容，使文档结构清晰。下面介绍插入水平线的操作方法。

第1步　在 Dreamweaver CS6 中，将鼠标光标定位于编辑窗口，①选择【插入】菜单；②在弹出的下拉菜单中，选择 HTML 命令；③在弹出的子菜单中，选择【水平线】命令，如图 4-19 所示。

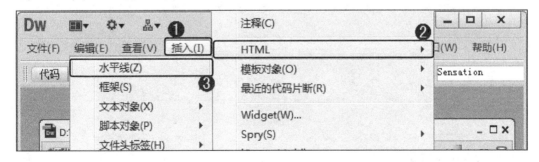

图 4-19

第2步　通过以上方法即可完成插入水平线的操作，效果如图 4-20 所示。

图 4-20

4.2.3 插入注释

注释是在 HTML 代码中插入的描述性文本，用来解释该代码或提供其他信息。下面介绍插入注释方面的知识。

第 1 步 在 Dreamweaver CS6 中，将鼠标光标定位于编辑窗口，①选择【插入】菜单；②在弹出的下拉菜单中，选择【注释】命令，如图 4-21 所示。

图 4-21

第 2 步 在弹出的【注释】对话框中，①在【注释】文本框中输入文本；②单击【确定】按钮，如图 4-22 所示，这样即可完成插入注释的操作。

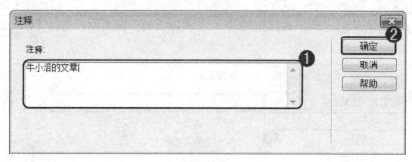

图 4-22

4.2.4 插入日期

在网页中添加日期可以方便以后编辑网页。下面详细介绍插入日期的操作方法。

第 1 步 在 Dreamweaver CS6 中，将鼠标光标定位于编辑窗口，①选择【插入】菜单项；②在弹出的下拉菜单中，选择【日期】命令，如图 4-23 所示。

图 4-23

第 2 步 在弹出的【插入日期】对话框中，①在【日期格式】列表框中，选择准备应用的日期格式；②单击【确定】按钮，如图 4-24 所示。

第 3 步 通过以上方法即可完成插入日期的操作，效果如图 4-25 所示。

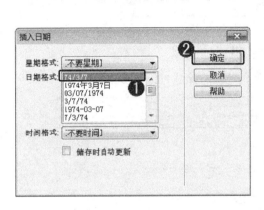

图 4-24

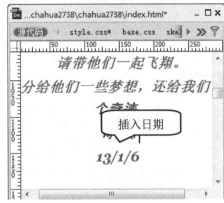

图 4-25

在【插入日期】对话框中，用户可以设置以下参数。

➢ 【星期格式】下拉列表框：单击该下拉列表框右侧的下拉按钮，在弹出的下拉列表中选择任意选项，可以将星期设置为所选择的格式。

➢ 【日期格式】列表框：在该列表框中列出了日期的各种格式，可以在列表中选择需要设置的日期格式。

➢ 【时间格式】下拉列表框：单击该下拉列表框右侧的下拉按钮，在弹出的下拉列表中包括了时间的所有格式，可以将时间设置为 12 时制或 24 时制，也可以不在网页中插入时间。

➢ 【存储时自动更新】复选框：选中此复选框，可以在每次保存网页时更新插入的日期。

4.3 项目符号和编号列表

列表可以使网页要显示的结构和内容更加清晰。本节将详细介绍项目符号和编号列表方面的知识。

4.3.1 创建项目列表

当制作的项目列表之间是并列关系时，用户可以根据需要创建项目列表。下面详细介绍创建项目列表的操作方法。

第1步 在 Dreamweaver CS6 中，将鼠标光标定位于准备创建项目列表的位置，①选
择【格式】菜单；②在弹出的下拉菜单中，选择【列表】命令；③在弹出的子菜单中，选
择【项目列表】命令，如图 4-26 所示。

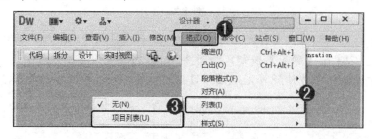

图 4-26

第2步 通过以上方法即可完成创建项目列表的操作，效果如图 4-27 所示。

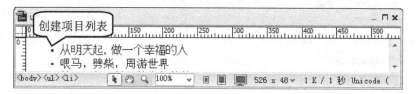

图 4-27

智慧锦囊

　　另一种创建项目列表的方法是，单击【属性】面板中的【项目列表】按钮，即可
完成创建项目列表的操作。

4.3.2　创建编号列表

在 Dreamweaver CS6 中，当网页内文本需要按序排列时，就应该使用编号列表。下面
详细介绍创建编号列表的操作方法。

第1步 在 Dreamweaver CS6 中，将鼠标光标定位于准备创建编号列表的位置，①选
择【格式】菜单；②在弹出的下拉菜单中，选择【列表】命令；③在弹出的子菜单中，选
择【编号列表】命令，如图 4-28 所示。

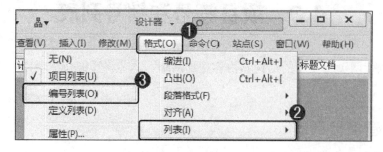

图 4-28

第2步 通过以上方法即可完成创建编号列表的操作，效果如图 4-29 所示。

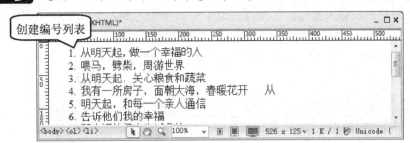

图 4-29

智慧锦囊

应注意的是：列表项必须为段落文本格式，不是的话必须进行转换，正确方法是直接在文本后面定位光标，然后按 Enter 键就可以实现分段了。

4.4　插入页面的头部内容

虽然网页的头部内容不会显示在网页的主体中，但其对于网页来说，却有着至关重要的影响，因为网页中加载的顺序是从头部开始的。

插入页面的头部内容主要包括 META、关键字、说明、刷新、基础、链接和标题等。本节将详细介绍插入页面的头部内容方面的知识。

4.4.1　设置 META

META 对象常用于一些为 Web 服务器提供选项的标记符，META 标签在网页内容中不显示，主要用于为搜索引擎定义页面主题信息，同时，还可以设置页面。下面介绍设置 META 的操作方法。

第1步 在 Dreamweaver CS6 中，将鼠标光标定位于编辑窗口，①选择【插入】菜单；②在弹出的下拉菜单中，选择 HTML 命令；③在弹出的子菜单中，选择【文件头标签】命令；④在弹出的子菜单中，选择 Meta 命令，如图 4-30 所示。

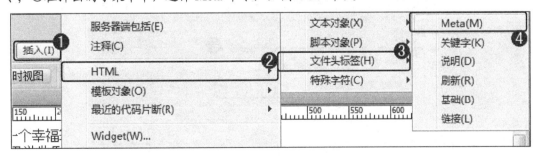

图 4-30

第2步 在弹出的 META 对话框中，①在【属性】下拉列表框中，选择【名称】选项；②在【值】文本框中，输入数值；③在【内容】文本框中，输入文本信息；④单击【确定】按钮，如图 4-31 所示，这样即可完成设置 META 的操作。

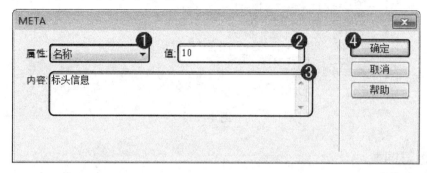

图 4-31

4.4.2 插入关键字

关键字就是与网页的主题内容相关的简短而有代表性的词汇，插入关键字时，应该尽可能地概括网页内容。下面介绍插入关键字的操作方法。

第1步 在 Dreamweaver CS6 中，将鼠标光标定位于编辑窗口，①选择【插入】菜单；②在弹出的下拉菜单中，选择 HTML 命令；③在弹出的子菜单中，选择【文件头标签】命令；④在弹出的子菜单中，选择【关键字】命令，如图 4-32 所示。

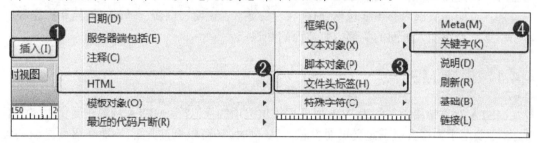

图 4-32

第2步 在弹出的【关键字】对话框中，①在【关键字】文本框中，输入关键字信息；②单击【确定】按钮，如图 4-33 所示，这样即可完成插入关键字的操作。

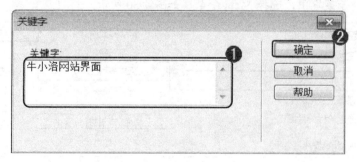

图 4-33

4.4.3 插入说明

用户可以在网页头部插入说明，用于对制作的网页进行解释说明。下面介绍插入说明的操作方法。

第 1 步 在 Dreamweaver CS6 中，将鼠标光标定位于编辑窗口，①选择【插入】菜单；②在弹出的下拉菜单中，选择 HTML 命令；③在弹出的子菜单中，选择【文件头标签】命令；④在弹出的子菜单中，选择【说明】命令，如图 4-34 所示。

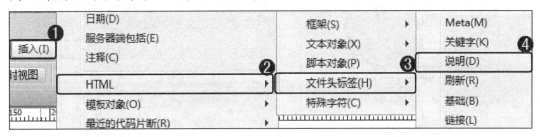

图 4-34

第 2 步 在弹出的【说明】对话框中，①在【说明】文本框中，输入说明信息；②单击【确定】按钮，如图 4-35 所示，这样即可完成插入说明的操作。

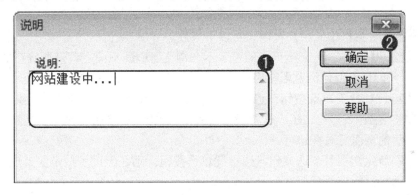

图 4-35

4.4.4 插入刷新

在 Dreamweaver CS6 中，用户可以设置网页自动刷新的特性，使其在浏览器中显示时，每隔一段指定的时间，就跳转到某个页面或刷新自身。下面介绍插入刷新的操作方法。

第 1 步 在 Dreamweaver CS6 中，将鼠标光标定位于编辑窗口，①选择【插入】菜单；②在弹出的下拉菜单中，选择 HTML 命令；③在弹出的子菜单中，选择【文件头标签】命令；④在弹出的子菜单中，选择【刷新】命令，如图 4-36 所示。

第 2 步 弹出【刷新】对话框，①在【延迟】文本框中，输入需要刷新等待的时间；②选中【转到 URL】单选按钮；③单击【浏览】按钮，选择 Web 文件；④单击【确定】按钮，如图 4-37 所示，这样即可完成插入刷新的操作。

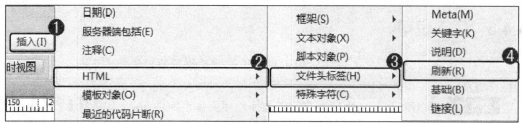

图 4-36

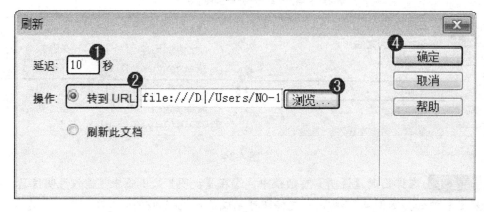

图 4-37

在【刷新】对话框中，用户可以设置以下参数。

➤ 【延迟】文本框：文本框中的值表示在浏览器刷新页面之前需要等待的时间(以秒为单位)。若要使浏览器在完成加载后立即刷新页面，请在此文本框中输入"0"。

➤ 【转到 URL】单选按钮：选中此单选按钮，则在经过了指定的延迟时间后，浏览器将转到另一个 URL。若要设置转到的 URL，可单击【浏览】按钮，浏览到要加载的页面后选择即可。

➤ 【刷新此文档】单选按钮：选中此单选按钮，则在经过了指定的延迟时间后，浏览器将刷新当前页面。

智慧锦囊

单击【常用】插入栏中的【文件头】按钮，在弹出的菜单中选择【说明】命令，也可弹出【说明】对话框。

4.4.5 设置基础

基础定义了文档的基本 URL 地址，在文档中，所有相对地址形式的 URL 都是相对于这个 URL 地址而言的。下面介绍设置基础的操作方法。

第 1 步 将鼠标光标定位于编辑窗口，①选择【插入】菜单；②在弹出的下拉菜单中，选择 HTML 命令；③在弹出的子菜单中，选择【文件头标签】命令；④在弹出的子菜单中，选择【基础】命令，如图 4-38 所示。

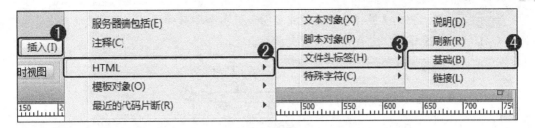

图 4-38

第 2 步　在弹出的【基础】对话框中，①单击 HREF 文本框右侧的【浏览】按钮，选择 Web 文件；②单击【确定】按钮，如图 4-39 所示，这样即可完成设置基础的操作。

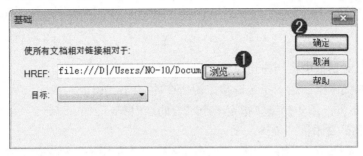

图 4-39

在【基础】对话框中，用户可以设置如下参数。

➢ HREF 文本框：用于指定基础 URL，可以单击【浏览】按钮，浏览某个文件并选择，或直接在文本框中输入路径。

➢ 【目标】下拉列表框：用于指定应该在其中打开所有链接的文档的框架或窗口。

4.4.6　设置链接

使用链接标签可以定义当前文档与其他文件之间的关系，这里的链接不同于文档中的链接。下面详细介绍设置链接的操作方法。

第 1 步　在 Dreamweaver CS6 中，将鼠标光标定位于编辑窗口，①选择【插入】菜单；②在弹出的下拉菜单中，选择 HTML 命令；③在弹出的子菜单中，选择【文件头标签】命令；④在弹出的子菜单中，选择【链接】命令，如图 4-40 所示。

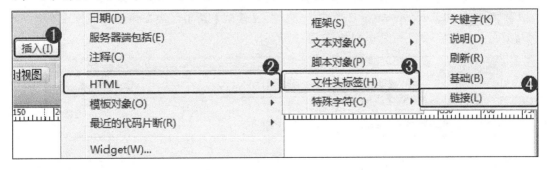

图 4-40

第2步 在弹出的【链接】对话框中，①设置各个参数的信息；②单击【确定】按钮，如图 4-41 所示，这样即可完成设置链接的操作。

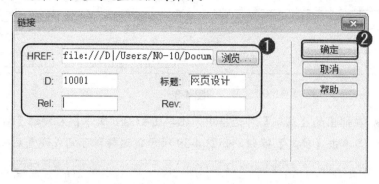

图 4-41

在【链接】对话框中，用户可以设置以下参数。

➢ HREF 文本框：用于指定链接资源所在的 URL 地址。

➢ ID 文本框：用于为链接指定一个唯一的标识符。

➢ 【标题】文本框：描述关系。

➢ Rel 文本框：用于指定当前文档与 HREF 文本框中的文档之间的关系。

➢ Rev 文本框：用于指定当前文档与 HREF 文本框中的文档之间的反向关系。

智慧锦囊

Rel 文本框用于指定当前文档与 HREF 文本框中的文档之间的关系，其可能的值包括 Alternate、Stylesheet、Start、Next、Contents、Index、Glossary、Copyright、Chapter、Section、Subsection、Appendix、Help 和 Bookmark 等。若要指定多个关系，用户应使用空格将各个值隔开。

4.4.7 设置标题

在 Dreamweaver CS6 中，可以设置网页标题为中文、英文或符号，并显示在浏览器的标题栏中。下面将详细介绍设置标题的操作方法。

第1步 在 Dreamweaver CS6 中，①选择【修改】菜单；②在弹出的下拉菜单中，选择【页面属性】命令，如图 4-42 所示。

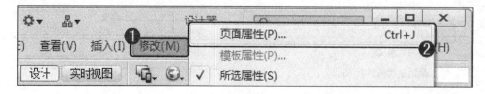

图 4-42

第2步 在弹出的【页面属性】对话框中，①在【分类】列表框中，选择【标题(CSS)】

选项；②在右侧区域，设置相关属性信息；③单击【确定】按钮，如图 4-43 所示，这样即可完成设置标题的操作。

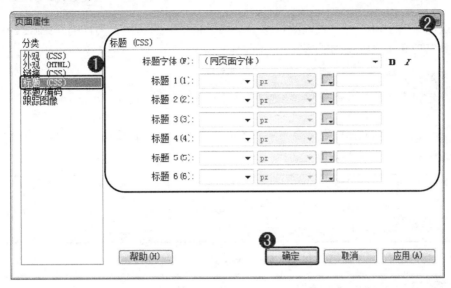

图 4-43

4.5　实践案例与上机指导

通过本章的学习，读者可以掌握在网页中创建文本方面的知识。下面通过练习操作，达到巩固学习、拓展提高的目的。

4.5.1　查找与替换

当发现网站中的某些细节需要修改时，可以利用 Dreamweaver CS6 中的"查找与替换"功能进行修改。下面将介绍查找与替换的操作方法。

在菜单栏中，选择【编辑】→【查找和替换】命令，弹出【查找和替换】对话框，在其中设置相应的参数，如图 4-44 所示，即可完成查找与替换的操作。

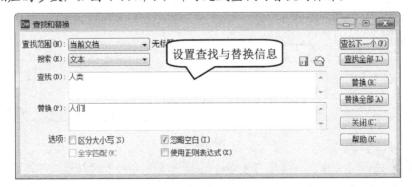

图 4-44

4.5.2 在【代码】视图中创建 HTML 页面

通过本章的学习，用户可以制作出一个属于自己的网站。下面详细介绍在【代码】视图中创建 HTML 页面的操作方法。

素材文件 无
效果文件 配套素材\第 4 章\效果文件\4.5.2 创建 HTML 页面.html

第1步 创建 HTML 页面后，单击工具栏中的【代码】按钮，这样即可进入【代码】视图的编辑窗口，如图 4-45 所示。

图 4-45

第2步 在 HTML 代码中的<title>与</title>标记之间输入"欢迎大家进入我的主页"文本，并按 Ctrl+Enter 组合键，作为页面的标题，如图 4-46 所示。

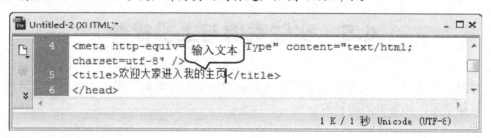

图 4-46

第3步 在 HTML 代码中的<body>与</body>标记之间输入"下面请大家进行欣赏"文本，如图 4-47 所示。

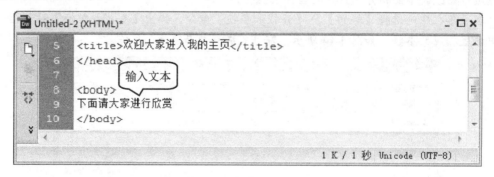

图 4-47

第4步 选择【文件】→【保存】命令，弹出【另存为】对话框，①选择准备存放的位置；②在【文件名】下拉列表框中，设置文件保存的名称；③选择文件保存的类型；

④单击【保存】按钮，如图 4-48 所示，这样即可保存 HTML。

第 5 步 在 Dreamweaver CS6 中按 F12 键，即可在浏览器中预览页面效果，如图 4-49 所示。

图 4-48

图 4-49

4.6 思考与练习

一、填空题

1. 文本是网页的_____，在网页中创建文本，具有_____、输入修改方便、_____等特点。

2. 在网页中，用户可以插入一些特殊文本对象，如_____、插入水平线、_____和_____等。

二、判断题

1. 在 Dreamweaver CS6 中，特殊字符包含换行符、空格版权信息和注册商标等。
（　　）

2. 在 Dreamweaver CS6 中，可以设置网页标题为中文、英文或商标，并显示在浏览器的标题栏中。
（　　）

三、思考题

1. 如何设置字体样式？
2. 如何插入关键字？

第 5 章

使用图像与多媒体丰富网页内容

- 网页中常使用的图像格式
- 插入与应用图像
- 插入其他图像元素
- 多媒体在网页中的应用

本章主要内容

　　本章主要介绍网页中常使用的图像格式和插入与应用图像方面的知识与技巧，同时还讲解插入其他图像元素和在网页中应用多媒体的操作方法，在本章的最后还针对实际的工作需求，讲解插入背景音乐和创建精彩的多媒体网页的方法。通过本章的学习，读者可以掌握使用图像与多媒体丰富网页内容方面的知识，为深入学习 Dreamweaver CS6 知识奠定基础。

5.1 网页中常使用的图像格式

网页中图像的常用格式通常有 3 种，即 JPEG 格式图像、GIF 格式图像和 PNG 格式图像，其中使用最广泛的是 JPEG 格式图像和 GIF 格式图像。本节将详细介绍网页中常使用的图像格式方面的知识。

5.1.1 JPEG 格式图像

JPG/JPEG(Joint Photographic Experts Group，联合图像专家组)是一种压缩格式的图像。通过压缩，JPEG 文件在图像品质和文件大小之间达到了较好的平衡，损失了原图像中不易为人眼察觉的内容，获得了较小的文件尺寸，可快速下载图像。

JPG/JPEG 图像支持 24 位真彩色，普遍用于显示摄影图片和其他连续色调图像的高级格式。若对图像颜色要求较高，应采用这种类型的图像。目前各类浏览器均支持 JPEG 格式。

5.1.2 GIF 格式图像

GIF(Graphics Interchange Format，图像交换格式)是一种无损压缩格式的图像。其使文件最小化，支持动画格式，能在一个图像文件中包含多帧图像页，在浏览器中浏览时可看到动感图像的效果。目前网上容量小一点的动画，一般都是 GIF 格式的图像。

GIF 只支持 8 位颜色(256 种色)，不能用于存储真彩色的图像文件，适合显示色调不连续或有大面积单一颜色的图像，如导航条、按钮、图标等。通常情况下，GIF 图像的压缩算法是有版权的。

5.1.3 PNG 格式图像

PNG(Portable Network Graphic，便携网络图像)是一种格式非常灵活的图像，用于在 WWW 上无损压缩和显示图像。

PNG 图像支持多种颜色数目，从 8 位、16 位、24 位到 32 位。其可替代 GIF 格式，具有对索引色、灰度、真彩色图像及透明背景的支持。

商业网站使用 PNG 格式的图像比较安全，因为没有版权问题。

PNG 文件格式保留了 GIF 文件格式的以下特性。

➢ 使用彩色查找表：可支持 256 种颜色的彩色图像。

➢ 流式读/写性能(Streamability)：允许连续读出和写入图像数据，这个特性适合于在通信过程中生成和显示图像。

➢ 逐次逼近显示(Progressive Display)：可在通信链路上传输图像文件的同时在终端上显示图像，把整个轮廓显示出来之后再逐步显示图像的细节，也就是先用低分辨率显示图像，然后逐步提高它的分辨率。

➢ 透明性(Transparency)：可使图像中某些部分不显示出来，用来创建一些有特色的图像文件。

➢ 辅助信息(Ancillary Information)：可用来在图像文件中存储一些文本注释信息。

5.2　插入与设置图像

在 Dreamweaver CS6 文档中插入图像时，必须在当前站点文件夹或远程站点内创建一个文件夹，然后将要插入的图像放置其中，否则图像将不能正确显示，一般网站设计者将此文件夹命名为"image"。本节将重点介绍插入与设置图像方面的知识。

5.2.1　在网页中插入图像文件

图像是网页中最重要的设计元素之一，好的图像不仅可以使网站美观，同时也可以加深用户对网站的印象。下面介绍在网页中插入图像文件的操作方法。

素材文件　配套素材\第 5 章\素材文件\5.2.1 index.html
效果文件　配套素材\第 5 章\效果文件\ 5.2.1\5.2.1 index.html

第 1 步 打开素材文件，①将光标放置于准备插入图像的位置；②选择【插入】菜单项；③在弹出的下拉菜单中，选择【图像】命令，如图 5-1 所示。

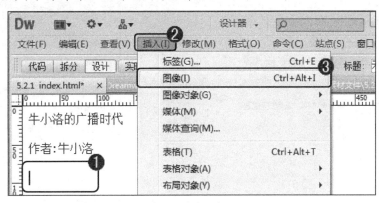

图 5-1

第 2 步 弹出【选择图像源文件】对话框，①选择准备插入的图像；②单击【确定】按钮，如图 5-2 所示。

第 3 步 弹出【图像标签辅助功能属性】对话框，①在【替换文本】下拉列表框中，选择【<空>】选项；②在【详细说明】文本框中，选择应用的素材图像文件；③单击【确定】按钮，完成图像标签辅助功能属性的设置，如图 5-3 所示。

第 4 步 在编辑窗口中显示出已经插入的图像，用户可调整图像的大小，如图 5-4 所示。

第 5 步 在菜单栏中，①选择【文件】菜单；②在弹出的下拉菜单中，选择【保存】命令，保存页面，如图 5-5 所示。

第 6 步 按 F12 键，即可在浏览器中预览添加了图像的页面效果，如图 5-6 所示。

图 5-2

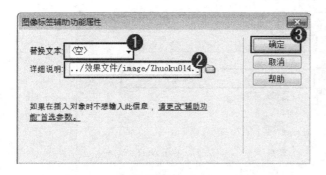

图 5-3

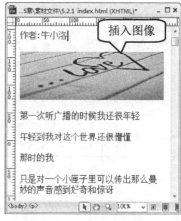

图 5-4

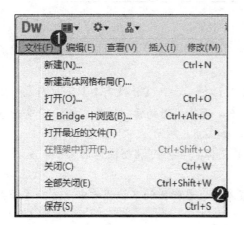

图 5-5

图 5-6

5.2.2 图像对齐的常见方式

当网页文件中包括图像文件和文本时，用户可以对图像或文本进行对齐设置，包括【左对齐】、【居中对齐】、【右对齐】和【两端对齐】等。下面详细介绍图像对齐方式方面的知识。

选择【格式】菜单，在弹出的下拉菜单中，选择【对齐】命令，再在弹出的子菜单中，选择相应的对齐方式，如图 5-7 所示，即可完成设置图像对齐方式的操作。

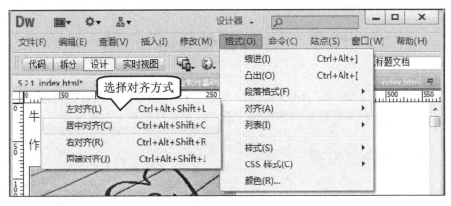

图 5-7

> 【左对齐】命令：选择该命令，图像文件将位于文档左侧。
> 【居中对齐】命令：选择该命令，图像文件将在文档中居中显示。
> 【右对齐】命令：选择该命令，图像文件将位于文档右侧。
> 【两端对齐】命令：选择该命令，如果文本与两个边缘对齐，则为两端对齐。

5.2.3 设置图像属性

在 Dreamweaver CS6 中，插入图像文件之后，用户可以在图像的【属性】面板中对其属性进行设置，如图 5-8 所示。

图 5-8

图像的【属性】面板中的各参数说明如下。

> 【源文件】文本框：用于显示当前图像文件的具体路径。
> 【链接】文本框：用于指定单击图像时要显示的网页文件。
> 【替换】下拉列表框：用于指定图像的替代文本，在浏览设置为手动下载图像前，用它来替换图像的显示。在某些浏览器中，当鼠标指针滑过图像时也会显示替代文本。

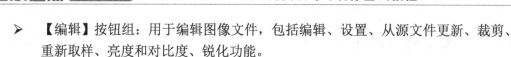

> ➢ 【编辑】按钮组：用于编辑图像文件，包括编辑、设置、从源文件更新、裁剪、重新取样、亮度和对比度、锐化功能。
> ➢ 【地图】文本框：名称和【热点工具】标注，以及创建客户端图像地图。
> ➢ 【宽】和【高】文本框：用于设置图像文件的宽度和高度。
> ➢ 【目标】下拉列表框：用于指定链接页面应该在其中载入的框架或窗口。
> ➢ 【原始】文本框：为了节省浏览者浏览网页的时间，可以通过此选项指定在载入主图像之前可快速载入的低品质图像。

5.3　插入其他图像元素

在 Dreamweaver CS6 中，不仅可以插入图像文件，还可以插入其他图像元素，其中包括插入图像占位符和插入鼠标经过图像等。本节将详细介绍插入其他图像元素的操作方法。

5.3.1　插入图像占位符

图像占位符是在将图像添加到 Web 页面之前使用的图形，在对 Web 页面进行布局时，图像占位符有很重要的作用，因为通过使用图像占位符，可以在创建图像之前确定图像在页面中的位置。下面将详细介绍插入图像占位符的操作方法。

第 1 步　将鼠标光标定位于网页文档中，①选择【插入】菜单；②在弹出的下拉菜单中，选择【图像对象】命令；③在弹出的子菜单中，选择【图像占位符】命令，如图 5-9 所示。

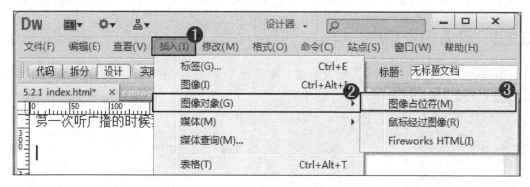

图 5-9

第 2 步　弹出【图像占位符】对话框，①在【名称】文本框中，输入名称"pic"；②设置占位符的宽度和高度均为 32；③设置占位符的颜色为红色；④单击【确定】按钮，如图 5-10 所示。

第 3 步　此时，在网页中即可看到刚刚插入的占位符，如图 5-11 所示。

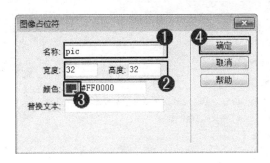

图 5-10

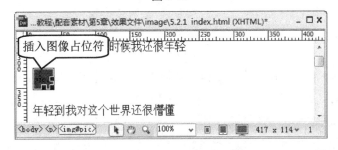

图 5-11

5.3.2　插入鼠标经过图像

在网页中，鼠标经过图像经常被用来制作动态效果，当鼠标移动到一幅图像上时，该图像就变为另一幅图像。下面详细介绍插入鼠标经过图像的操作方法。

素材文件　配套素材\第 5 章\素材文件\5.3.2 image\
效果文件　配套素材\第 5 章\效果文件\5.3.2\5.3.2 index.html

第 1 步　启动 Dreamweaver CS6，将鼠标光标定位于准备插入鼠标经过图像的位置，①选择【插入】菜单；②在弹出的下拉菜单中，选择【图像对象】命令；③在弹出的子菜单中，选择【鼠标经过图像】命令，如图 5-12 所示。

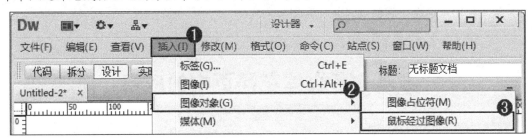

图 5-12

第 2 步　弹出【插入鼠标经过图像】对话框，①单击【原始图像】文本框右侧的【浏览】按钮，选择原始图像；②单击【鼠标经过图像】文本框右侧的【浏览】按钮，选择鼠标经过图像；③单击【确定】按钮，如图 5-13 所示。

图 5-13

第3步 保存网页文档，按 F12 键，此时即可在浏览器中查看刚刚添加的图像，当鼠标指针经过图像时，图像会有所变化，如图 5-14 所示。

图 5-14

智慧锦囊

　　鼠标经过图像其实是由两张图像组成的：原始图像和鼠标经过图像。组成鼠标经过图像的两张图像必须有相同的大小；如果两张图像的大小不同，Dreamweaver 会自动将第二张图像的大小调整成与第一张图像相同。

5.4　多媒体在网页中的应用

　　在网页中，除了可以使用文本和图像元素表达信息外，用户还可以在网页中插入 Flash 动画、FLV 视频、音乐等，以丰富网页的内容。本节将详细介绍多媒体在网页中的应用方面的知识。

5.4.1　插入 Flash 动画

　　在 Dreamweaver CS6 中，可以将 Flash 动画插入到网页中。下面详细介绍插入 Flash 动画的操作方法。

素材文件　配套素材\第5章\素材文件\5.4.1\

效果文件　配套素材\第5章\效果文件\5.4.1\5.4.1 index.html

第1步 启动 Dreamweaver CS6，将鼠标光标定位于准备插入 Flash 动画位置，①选择【插入】菜单；②在弹出的下拉菜单中，选择【媒体】命令；③在弹出的子菜单中，选择 SWF 命令，如图 5-15 所示。

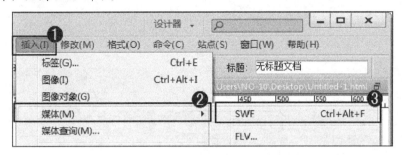

图 5-15

第2步 在弹出的【选择 SWF】对话框中，①选择准备插入的 SWF 文件；②单击【确定】按钮，如图 5-16 所示。

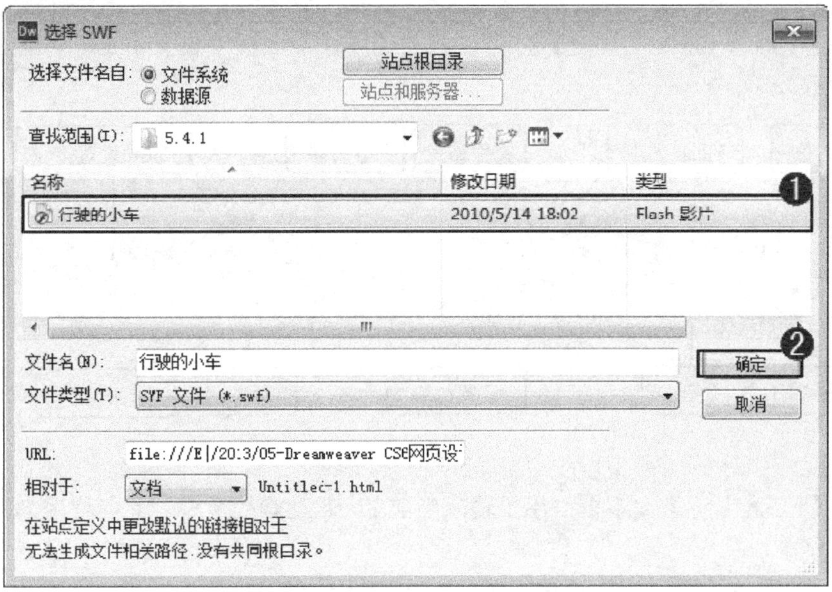

图 5-16

第3步 在弹出的【对象标签辅助功能属性】对话框中，①在【标题】文本框中，输入标题名称；②单击【确定】按钮，如图 5-17 所示。

第4步 保存文档，按 F12 键，即可在浏览器中预览到添加的 Flash 效果，如图 5-18 所示。

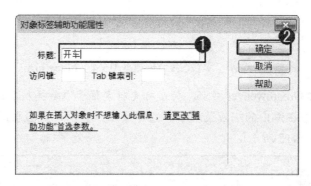

图 5-17

图 5-18

在文档中插入 Flash 动画之后，可以在其【属性】面板中设置 Flash 动画的属性，如图 5-19 所示。

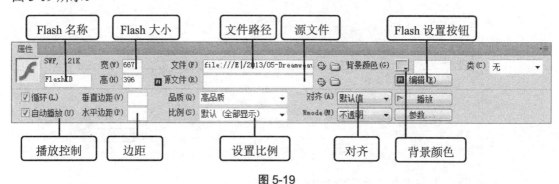

图 5-19

> 【Flash 名称】文本框：用于输入当前 Flash 动画的名称，此名称用来标识影片的脚本。

> 【宽】文本框：用于设置文档中 Flash 动画的宽度。

> 【高】文本框：用于设置文档中 Flash 动画的高度。

> 【文件】文本框：用于显示当前 Flash 动画的路径地址，单击此文本框右侧的【文件夹】按钮，在弹出的对话框中可以选择 Flash 动画文件。

> 【源文件】文本框：用于显示当前 Flash 动画的源文件地址。源文件是 Flash 动画发布之前的文件，即 FLA 文件。单击此文本框右侧的【文件夹】按钮，在弹出的对话框中可以选择 Flash 动画源文件的地址。

> 【循环】复选框：用于设置当前 Flash 动画的播放方式，选中此复选框，Flash 动

画将循环播放。

- ➤ 【自动播放】复选框：用于设置当前 Flash 动画的播放方式，选中此复选框，Flash 动画将在浏览网页时自动开始播放。
- ➤ 【垂直边距】文本框：用于设置当前 Flash 动画距离文档垂直方向的距离。
- ➤ 【水平边距】文本框：用于设置当前 Flash 动画距离文档水平方向的距离。
- ➤ 【品质】下拉列表框：此下拉列表框中包括【高品质】、【低品质】、【自动高品质】和【自动低品质】命令，用于设置 Flash 动画在浏览器中的显示效果。
- ➤ 【比例】下拉列表框：此下拉列表框中包括【默认(全部显示)】、【无边框】和【严格匹配】选项，用于设置当前 Flash 动画的显示方式，通常情况下，选择【默认(全部显示)】选项。
- ➤ 【对齐】下拉列表框：此下拉列表框中包括【默认值】、【基线和底部】、【顶端】、【居中】、【文本上方】、【绝对居中】、【绝对底部】、【左对齐】和【右对齐】选项，用于设置 Flash 动画与文档中的文本的对齐方式。
- ➤ 【背景颜色】按钮：单击此按钮，在弹出的调色板中选择任意色块，将其应用为当前 Flash 动画的背景颜色。
- ➤ 【编辑】按钮：单击此按钮，将弹出 Flash 编辑器，用来编辑当前 Flash 动画。
- ➤ 【播放】按钮：单击此按钮，将在文档中播放当前 Flash 动画，当播放 Flash 动画时，【播放】按钮将变成【停止】按钮。
- ➤ 【参数】按钮：单击此按钮，将弹出【参数】对话框，在对话框中可以设置当前 Flash 动画。

知识精讲

在 Dreamweaver CS6 中，单击【常用】插入栏中的【媒体】按钮，在弹出的菜单中选择 SWF 命令，弹出【选择 SWF】对话框，从中可插入 SWF 影片。

5.4.2 插入 FLV 视频

FLV 是随着 Flash 系列产品推出的一种流媒体格式，下面详细介绍插入 FLV 视频的操作方法。

素材文件 配套素材\第 5 章\素材文件\5.4.2\
效果文件 配套素材\第 5 章\效果文件\5.4.2\5.4.2 index.html

第 1 步 启动 Dreamweaver CS6，将鼠标光标定位于准备插入 FLV 视频的位置，①选择【插入】菜单；②在弹出的下拉菜单中，选择【媒体】命令；③在弹出的子菜单中，选择 FLV 命令，如图 5-20 所示。

第 2 步 弹出【插入 FLV】对话框，①单击 URL 文本框右侧的【浏览】按钮，选择打开的 FLV 文件；②在【外观】下拉列表框中，设置准备应用的播放器样式；③单击【检测大小】按钮，检测播放器的高度值和宽度值；④选中【自动播放】复选框；⑤单击【确

新起点电脑教程 **Dreamweaver CS6 网页设计与制作基础教程**

定】按钮，如图 5-21 所示。

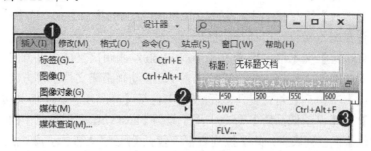

图 5-20

图 5-21

第3步 保存文档，按 F12 键，即可在浏览器中预览到添加的 FLV 文件，如图 5-22 所示。

图 5-22

78

5.4.3　插入音乐

在使用 Dreamweaver CS6 制作网页的过程中，用户还可以在网页中插入优美的音乐。下面介绍插入音乐的操作方法。

素材文件　配套素材\第 5 章\素材文件\5.4.3\
效果文件　配套素材\第 5 章\效果文件\5.4.3\5.4.3 index.html

第1步　启动 Dreamweaver CS6，将鼠标光标定位于准备插入音乐的位置，①选择【插入】菜单；②在弹出的下拉菜单中，选择【媒体】命令；③在弹出的子菜单中，选择【插件】命令，如图 5-23 所示。

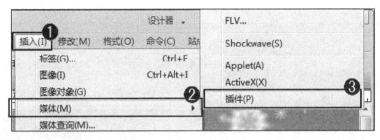

图 5-23

第2步　在弹出的【选择文件】对话框中，①选择准备插入的音频文件；②单击【确定】按钮，如图 5-24 所示。

图 5-24

第3步　在【属性】面板中，①设置【宽】和【高】的数值分别为 700 和 60；②单击【参数】按钮，如图 5-25 所示。

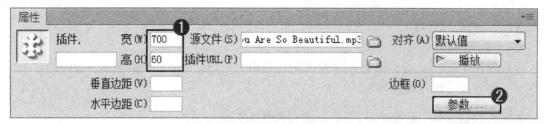

图 5-25

第4步 在弹出的【参数】对话框中，①分别设置【参数】和【值】的文本参数；②单击【确定】按钮，如图 5-26 所示。

第5步 保存文档，按 F12 键，即可在浏览器中预览到添加音乐的效果，如图 5-27 所示。

图 5-26

图 5-27

5.5 实践案例与上机指导

通过本章的学习，读者可以掌握使用图像与多媒体丰富网页内容方面的知识。下面通过练习操作，达到巩固学习、拓展提高的目的。

5.5.1 插入背景音乐

在制作网站的同时，除了要尽量提高页面的视觉效果、互动功能以外，更要提高网页的听觉效果，如为网页添加背景音乐。插入背景音乐可以在【代码】视图中完成，下面将介绍其操作方法。

素材文件　配套素材\第 5 章\素材文件\5.5.1\
效果文件　配套素材\第 5 章\效果文件\5.5.1\5.5.1 index.html

第1步 启动 Dreamweaver CS6，打开素材文件，①单击工具栏中的【代码】按钮；②转换至【代码】视图，在<body>后输入 "<" 符号，用以显示标签列表；③双击 bgsound 选项，如图 5-28 所示。

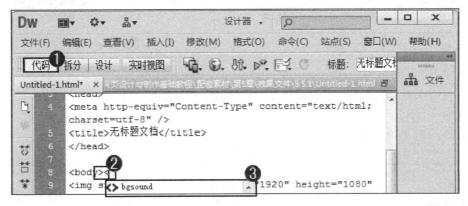

图 5-28

第2步 按空格键，在弹出的列表中，双击 src 选项，设置背景音乐文件的路径，如图 5-29 所示。

图 5-29

第3步 在弹出的列表中，双击【浏览】选项，如图 5-30 所示。

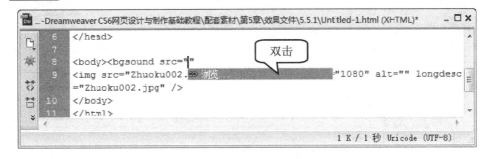

图 5-30

第4步 在弹出的【选择文件】对话框中，①选择准备添加的音乐文件；②单击【确定】按钮，如图 5-31 所示。

图 5-31

第5步 按空格键，在弹出的列表中，双击 loop 选项，如图 5-32 所示。

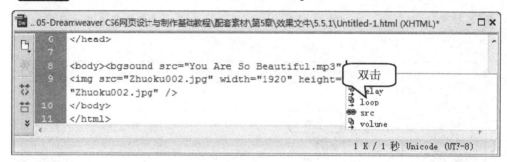

图 5-32

第6步 在弹出的列表中，双击-1选项，如图 5-33 所示。

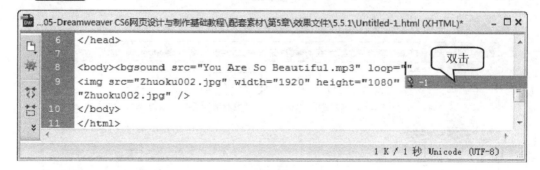

图 5-33

第7步 在属性值后面输入"/>"符号，在视图中生成代码，如图 5-34 所示。

第8步 保存文档，按F12键，即可在浏览器中收听到刚刚添加的背景音乐，如图 5-35 所示。

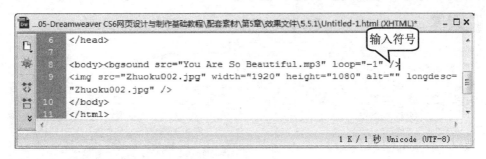

图 5-34

图 5-35

5.5.2　创建精彩的多媒体网页

使用 Dreamweaver CS6，用户可以运用文本、图像和多媒体元素等创建出精彩的多媒体
网页。下面介绍创建多媒体网页的操作方法。

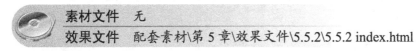

素材文件　无
效果文件　配套素材\第 5 章\效果文件\5.5.2\5.5.2 index.html

第 1 步　启动 Dreamweaver CS6，选择【文件】→【新建】命令，新建一个 HTML 图
像文件，如图 5-36 所示。

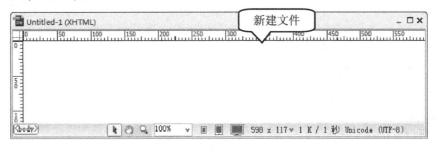

图 5-36

第2步 选择【插入】→【图像】命令，插入一个图像文件，如图 5-37 所示。

图 5-37

第3步 在图片下方，输入准备应用的文本，并设置字体的样式和颜色，如图 5-38 所示。

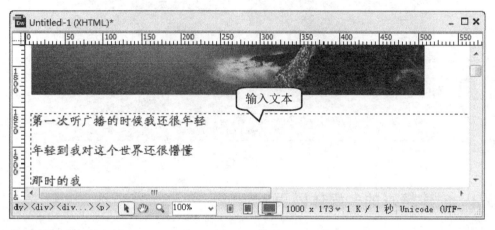

图 5-38

第4步 在文字最下方定位光标，然后选择【插入】→【媒体】→【插件】命令，插入一段音乐，如图 5-39 所示。

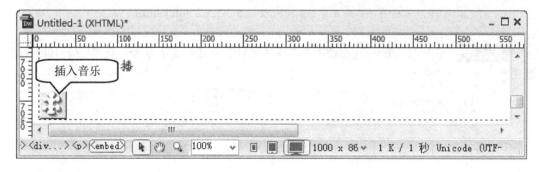

图 5-39

第5步 保存文档，按 F12 键，即可在浏览器中查看创建的多媒体网页，如图 5-40 所示。

图 5-40

5.6　思考与练习

一、填空题

1. 除了文本和图片以外，用户还可以在网页中插入_____、_____、_____等。
2. PNG 图像支持多种颜色数目，从_____、16 位、_____到_____。

二、判断题

1. GIF 只支持 8 位颜色(256 种色)，不能用于存储真彩色的图像文件。　　　　（　　）
2. 在使用 Dreamweaver CS6 制作网页的过程中，用户不可以在网页中插入优美的音乐。　　　　　　　　　　　　　　　　　　　　　　　　　　　　　（　　）

三、思考题

1. 如何插入图像占位符？
2. 如何插入 FLV 视频？

新起点
电脑教程

第 6 章

应用网页中的超级链接

本章主要内容

本章主要介绍超级链接、超级链接路径和创建超级链接方面的知识与技巧，同时还讲解创建不同种类的超级链接和管理与设置超级链接的操作方法，在本章的最后还针对实际的工作需求，讲解锚记链接和图像映射的方法。通过本章的学习，读者可以掌握应用网页中的超级链接方面的知识，为深入学习 Dreamweaver CS6 知识奠定基础。

6.1 超 级 链 接

超级链接是构成网站最为重要的部分之一，单击网页中的超级链接，即可转到相应的网页。本节将详细介绍超级链接方面的知识。

6.1.1 超级链接概述

超级链接由源端点和目标端点两部分组成，其中设置了链接的一端称为源端点，跳转到的页面或对象称为链接的目标端点，同样，可以说超级链接是网页中最重要、最基本的元素之一。

在网页中的链接按照链接路径的不同可以分为 3 种形式：绝对路径、相对路径和基于根目录路径。

超级链接与 URL 及网页文件的存放路径是紧密相关的。URL 可以简单地称为网址，顾名思义，就是 Internet 文件在网上的地址，定义超级链接其实就是指定一个 URL 地址来访问指向的 Internet 资源。

6.1.2 内部、外部与脚本链接

常规超级链接包括内部链接、外部链接和脚本链接。

1．内部链接

内部链接是指目标端点位于站点内部的超级链接，其设置非常灵活。

创建内部链接的方法是：选中准备设置超级链接的文本或图像后，在【属性】面板上的【链接】文本框中，输入要链接对象的相对路径，如图 6-1 所示。

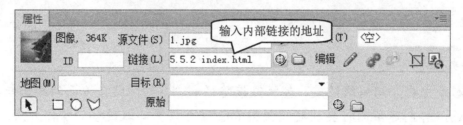

图 6-1

2．外部链接

外部链接是指目标端点位于其他网站中的超级链接。

创建外部链接的方法是：选中准备设置超级链接的文本或图像后，在【属性】面板的【链接】文本框中，输入准备链接网页的网址，如图 6-2 所示。

图 6-2

3. 脚本链接

脚本链接是指通过脚本控制链接。一般而言，脚本链接可以用来执行计算、表单验证和其他处理。

创建脚本链接的方法是：选择文档窗口中的文本或图像，在【属性】面板上的【链接】文本框中，输入 JavaScript:window.close()，如图 6-3 所示。

图 6-3

6.1.3　超级链接的类型

在 Dreamweaver CS6 中，根据超级链接的链接路径不同，通常情况下可将超级链接分为以下三种。

- ➢ 绝对 URL 的超级链接，也称为绝对路径。
- ➢ 相对 URL 的超级链接，也称为相对路径。
- ➢ 同一网页内的超级链接。

根据超级链接目标位置的不同，还可以将超级链接分为以下几类。

- ➢ 内部链接：在同一站点内部、不同页面之间的超级链接。
- ➢ 锚记链接：网页内部的链接。通常情况下，锚记链接用于链接到网页内部某个特定位置。
- ➢ 外部链接：站点外部的链接，是网页与因特网中某个目标网页的链接。
- ➢ E-mail 链接：链接到电子邮箱的链接。单击该链接，可以发送电子邮件。
- ➢ 可执行文件链接：通常又称为下载链接。单击该链接可以下载文件或在线运行可执行文件。

6.2　链　接　路　径

了解从作为链接起点的文档到作为链接目标的文档之间的文件路径，对于创建链接至关重要。

每个网页都有一个唯一的地址，称作统一资源定位器(URL)。不过，当创建本地链接(即从一个文档到同一站点上另一个文档的链接)时，通常不指定要链接到的文档的完整 URL，而是指定一个始于当前文档或站点根文件夹的相对路径。

一般来说，有三种类型的链接路径供用户编辑使用，分别是绝对路径、文档相对路径和站点根目录相对路径。本节将详细介绍链接路径方面的知识。

6.2.1 绝对路径

绝对路径提供所链接文档的完整 URL，而且包括所使用的协议(如对于 Web 页，通常使用 http://)。

尽管对本地链接(即到同一站点内文档的链接)也可使用绝对路径链接，但一般不建议采用这种方式，因为一旦将此站点移动到其他域，则所有本地绝对路径链接都将断开。对本地链接使用相对路径能在需要在站点内移动文件时提供更大的灵活性。

绝对路径也会出现在尚未保存的网页上，在没有保存的网页上插入图像或添加链接，Dreamweaver 会暂时使用绝对路径。

知识精讲

插入图像(非链接)时：如果使用图像的绝对路径，而图像又驻留在远程服务器而不在本地硬盘驱动器上，则将无法在窗口中查看该图像。此时，必须在浏览器中预览该文档才能看到。只要情况允许，对于图像，请使用文档相对路径或站点根目录相对路径。

6.2.2 文档相对路径

文档相对路径对于大多数 Web 站点的本地链接来说是最适用的路径。在当前文档与所链接的文档处于同一文件夹内，而且可能保持这种状态的情况下，文档相对路径特别有用。

文档相对路径还可用来链接到其他文件夹中的文档，方法是利用文件夹层次结构，指定从当前文档到所链接的文档的路径。

文档相对路径，是指省略掉对于当前文档和所链接的文档都相同的绝对 URL 部分，而只提供不同的路径部分。图 6-4 所示为一个站点的内部结构。

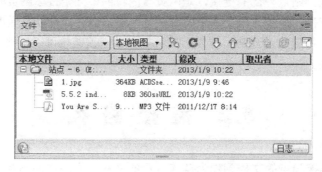

图 6-4

知识精讲

　　若成组地移动一组文件，如移动整个文件夹时，该文件夹内所有文件保持彼此间的相对路径不变，此时不需要更新这些文件间的文档相对链接。但是，当移动含有文档相对链接的单个文件或者移动文档相对链接所链接到的单个文件时，则必须更新这些链接。

6.2.3　站点根目录相对路径

　　站点根目录相对路径提供从站点的根文件夹到文档的路径，如果在处理使用多个服务器的大型 Web 站点，或者在使用承载有多个不同站点的服务器时，则可能需要使用此类型的路径，如果不熟悉此类型的路径，最好坚持使用文档相对路径。

　　站点根目录相对路径以一个正斜杠开始，该正斜杠表示站点根文件夹。例如，/support/tips.html 是文件(tips.html)的站点根目录相对路径，该文件位于站点根文件夹的 support 子文件夹中。

　　在某些 Web 站点中，需要经常在不同文件夹之间移动 HTML 文件，在这种情况下，站点根目录相对路径通常是指定链接的最佳方法。

　　如果要移动或重命名根目录相对链接所链接的文档，即使文档彼此之间的相对路径没有改变，仍必须更新这些链接。例如，如果移动某个文件夹，则指向该文件夹中文件的所有根目录相对链接都必须更新。

6.3　创建超级链接

　　在 Dreamweaver CS6 中，创建超级链接的方法多种多样。本节将重点介绍创建超级链接方面的知识。

6.3.1　使用菜单创建链接

　　在 Dreamweaver CS6 中，用户可以使用菜单创建超级链接。下面介绍使用菜单创建链接的操作方法。

　　第1步 启动 Dreamweaver CS6，①选择【插入】菜单；②在弹出的下拉菜单中，选择【超级链接】命令，如图 6-5 所示。

　　第2步 弹出【超级链接】对话框，①在【链接】下拉列表框中输入链接的目标；②单击【确定】按钮，如图 6-6 所示，这样即可完成使用菜单创建链接的操作。

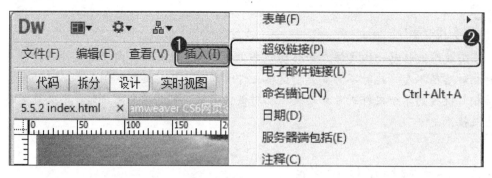

图 6-5

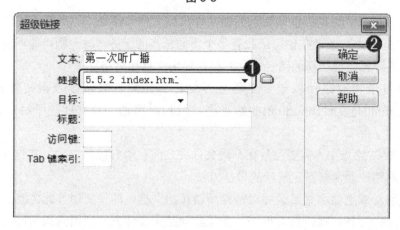

图 6-6

6.3.2 使用【属性】面板创建链接

　　【属性】面板中的【属性检查器文件夹】图标和【链接】文本框可用于创建从图像、对象或文本到其他文档或文件的链接。下面详细介绍使用【属性】面板创建链接的操作方法。

　　首先选择准备创建链接的对象，然后在【属性】面板上的【链接】文本框中，输入准备链接的路径，如图 6-7 所示，这样即可完成使用【属性】面板创建链接的操作。

图 6-7

6.3.3 使用【指向文件】按钮创建链接

　　在 Dreamweaver 中，用户还可以使用【指向文件】按钮创建链接。下面详细介绍使用

【指向文件】按钮创建链接的操作方法。

　　首先选择准备创建链接的对象，然后在【属性】面板中，在【指向文件】按钮 上按住鼠标左键，并将其拖动到站点窗口中的目标文件上，再释放鼠标左键，这样即可完成创建链接的操作，如图 6-8 所示。

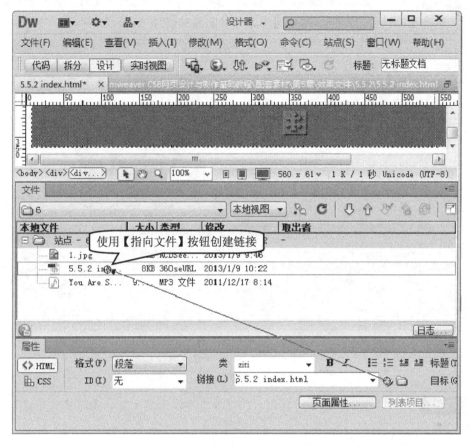

图 6-8

6.4　创建不同种类的超级链接

　　在 Dreamweaver CS6 中，用户可以创建各种类型的超级链接，如文本超级链接、图像热点链接、空链接、E-mail 链接、脚本链接等。本节将详细介绍创建不同种类超级链接的操作方法。

6.4.1　文本超级链接

　　文本超级链接是网页文件中最常用的链接，单击文本超级链接将触发文本超级链接所链接的文件，使用文本超级链接创建链接的文件对象可以是网页、图像等。下面详细介绍创建文本超级链接的操作方法。

Dreamweaver CS6 网页设计与制作基础教程

素材文件　配套素材\第 6 章\素材文件\6.4.1\
效果文件　配套素材\第 6 章\效果文件\6.4.1\6.4.1 index.html

第1步 启动 Dreamweaver CS6，①选择准备插入文本超级链接的文本；②在【属性】
面板中，单击【链接】文本框右侧的【浏览文件】按钮，如图 6-9 所示。

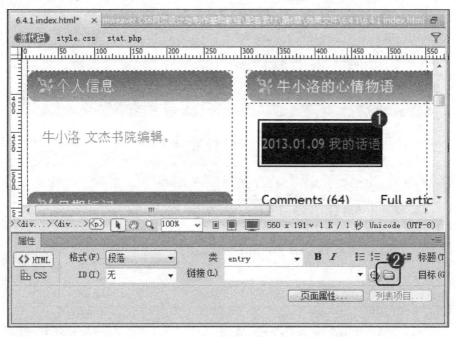

图 6-9

第2步 弹出【选择文件】对话框，①选择准备插入的文件；②单击【确定】按钮，
如图 6-10 所示。

图 6-10

第3步　保存文档，按 F12 键，在浏览器中，①单击创建的文本超级链接；②在弹出的网页中，预览新网页的效果，如图 6-11 所示。

图 6-11

6.4.2　图像热点链接

在 Dreamweaver CS6 中，创建图像超级链接的方法和创建文本超级链接的方法基本一致。下面介绍创建图像热点链接的操作方法。

素材文件　配套素材\第 6 章\素材文件\6.4.2\
效果文件　配套素材\第 6 章\效果文件\6.4.2\6.4.2 index.html

第1步　启动 Dreamweaver CS6，①选择准备插入图像热点链接的图片；②在【属性】面板中，单击【链接】文本框右侧的【浏览文件】按钮 ，如图 6-12 所示。

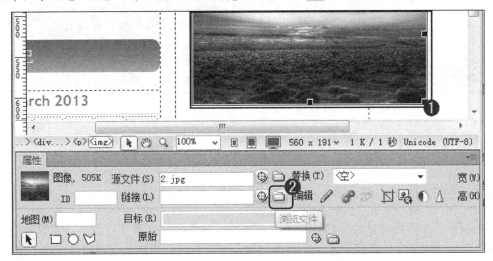

图 6-12

第2步 弹出【选择文件】对话框，①选择准备插入的文件；②单击【确定】按钮，如图 6-13 所示。

图 6-13

第3步 保存文档，按 F12 键，在浏览器中，①单击创建的图像热点链接；②在弹出的网页中，预览新网页的效果，如图 6-14 所示。

图 6-14

6.4.3 空链接

空链接是未指派对象的链接，用于向页面中的对象或文本附加行为，可以设置空链接的对象包括文本对象、图像对象、热点链接等。下面详细介绍创建空链接的操作方法。

素材文件　配套素材\第 6 章\素材文件\6.4.3\
效果文件　配套素材\第 6 章\效果文件\6.4.3\6.4.3 index.html

第 1 步　启动 Dreamweaver CS6，打开素材文件，①选中准备添加空链接的文本对象；②在属性面板上的【链接】文本框中，输入半角状态下的"#"字符，如图 6-15 所示。

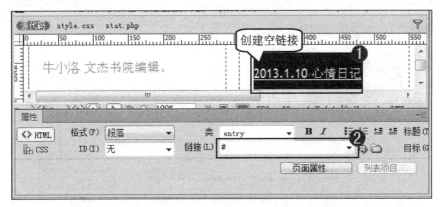

图 6-15

第 2 步　保存文档，按 F12 键，即可在浏览器中预览空链接的效果，如图 6-16 所示。

图 6-16

6.4.4　E-mail 链接

创建 E-mail 链接能够方便网页浏览者发送电子邮件，访问者只需要单击该链接，即可启用操作系统本身自带的收发邮件程序。下面详细介绍创建 E-mail 链接的操作方法。

素材文件　配套素材\第 6 章\素材文件\6.4.4\
效果文件　配套素材\第 6 章\效果文件\6.4.4\ 6.4.4 index.html

第 1 步　打开素材文件，①选中准备插入 E-mail 链接的文本对象；②选择【插入】菜单；③在弹出的下拉菜单中，选择【电子邮件链接】命令，如图 6-17 所示。

第 2 步　弹出【电子邮件链接】对话框，①在【文本】文本框中，输入文本；②在【电子邮件】文本框中，输入电子邮件；③单击【确定】按钮，如图 6-18 所示。

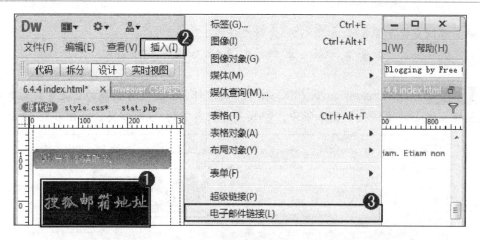

图 6-17

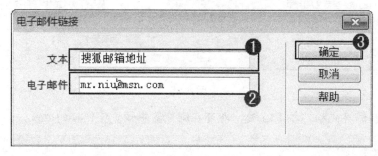

图 6-18

第3步 保存文档，按 F12 键，可在浏览器中预览到网页中的 E-mail 链接的效果，如图 6-19 所示。

图 6-19

知识精讲

在【文档】窗口的【设计】视图中，选择文本或图像，然后在【属性】面板上的【链接】文本框中，输入 "mailto:"，后跟电子邮件地址，即可在【属性】面板上创建 E-mail 链接。应注意的是，在冒号与电子邮件地址之间不能输入任何空格。

6.4.5　脚本链接

在 Dreamweaver CS6 中，脚本链接可以用来执行计算、表单验证和其他处理。下面详细介绍创建脚本链接的操作方法。

素材文件　配套素材\第 6 章\素材文件\6.4.5\
效果文件　配套素材\第 6 章\效果文件\6.4.5\6.4.5 index.html

第 1 步　打开素材文件，①选择准备创建脚本链接的文本；②在【属性】面板上的【链接】文本框中，输入 "javascript:window.close()"，如图 6-20 所示。

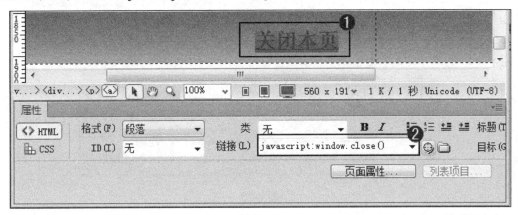

图 6-20

第 2 步　保存文档，按 F12 键，在浏览器中预览脚本链接的效果。单击 "关闭本页" 链接，如图 6-21 所示。

第 3 步　弹出 Windows Internet Explorer 对话框，单击【是】按钮，即可关闭网页，如图 6-22 所示。

图 6-21

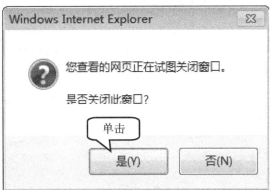

图 6-22

6.5 管理与设置超级链接

超级链接是网页中不可缺少的一部分，通过超级链接可以使各个网页有机地集合在一起。在 Dreamweaver CS6 中，用户可以对超级链接进行管理，如检查或自动更新链接。本节将详细介绍管理与设置超级链接方面的知识。

6.5.1 自动更新链接

在 Dreamweaver CS6 中，用户可以对编辑中的网页进行自动更新链接设置的操作，具体操作方法如下。

第 1 步 打开 Dreamweaver CS6，在菜单栏中，①选择【编辑】菜单；②在弹出的下拉菜单中，选择【首选参数】命令，如图 6-23 所示。

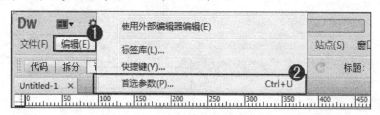

图 6-23

第 2 步 弹出【首选参数】对话框，①在【分类】列表框中，选择【常规】选项；②在【文档选项】选项组中，单击【移动文件时更新链接】下拉列表框中的下拉按钮 ▼；③在弹出的下拉列表中，选择不同的选项，即可进行不同的设置，如图 6-24 所示。

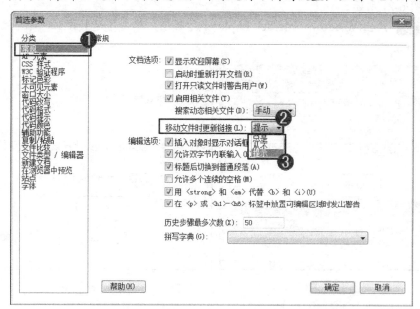

图 6-24

【移动文件时更新链接】下拉列表框中各个选项的含义如下。

- ➤　【总是】选项：当移动或重命名选定文档时，将自动更新其指向该文档的所有链接。
- ➤　【从不】选项：当移动或重命名选定文档时，不自动更新其指向该文档的所有链接。
- ➤　【提示】选项：当移动或重命名选定文档时，将显示一个对话框，列出此更改影响到的所有文件。单击【更新】按钮可更新这些文件中的链接，而单击【不更新】按钮将保留原文件不变。

智慧锦囊

　　每当在本地站点内移动或重命名文档时，Dreamweaver 都可更新其指向该文档的链接，在将整个站点存储在本地磁盘上时，此项功能最适用。

　　Dreamweaver 不会更改远程文件夹中的文件，除非将这些本地文件放在或者存回到远程服务器上。为了加快更新过程，Dreamweaver 可创建一个缓存文件，用于存储有关本地文件夹中所有链接的信息，在添加、更改或删除指向本地站点上的文件的链接时，该缓存文件以可见的方式进行更新。

6.5.2　在站点范围内更改链接

除每次移动或重命名文件时让 Dreamweaver 自动更新链接外，用户还可以手动更改所有链接(包括电子邮件链接、FTP 链接、空链接和脚本链接)，使其指向其他位置。下面详细介绍在站点范围内更改链接的操作方法。

第 1 步　启动 Dreamweaver CS6，①在【文件】面板中，选择一个文件；②选择【站点】菜单；③在弹出的下拉菜单中，选择【改变站点范围的链接】命令，如图 6-25 所示。

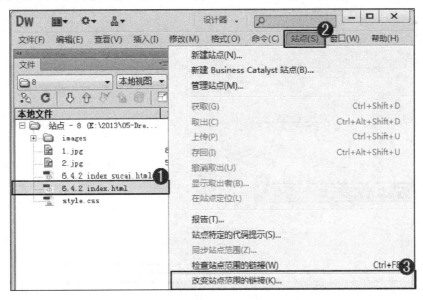

图 6-25

第2步 弹出【更改整个站点链接】对话框，①在【变成新链接】文本框中，输入准备准备链接的文件；②单击【确定】按钮，如图 6-26 所示，这样即可完成在站点范围内更改链接的操作。

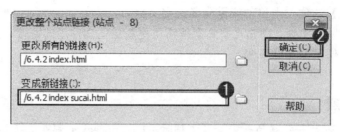

图 6-26

智慧锦囊

在站点范围内更改链接的过程中，因为这些更改是在本地进行的，所以必须手动删除远程文件夹中的相应独立文件，然后存回或取出链接已经更改的所有文件；否则，站点访问者将看不到这些更改。

6.5.3 检查站点中的链接错误

在 Dreamweaver CS6 中，用户还可以检查站点中的链接错误。下面详细介绍检查站点中的链接错误的操作方法。

第1步 启动 Dreamweaver CS6，①在【文件】面板中，选择一个文件；②选择【站点】菜单；③在弹出的下拉菜单中，选择【检查站点范围的链接】命令，如图 6-27 所示。

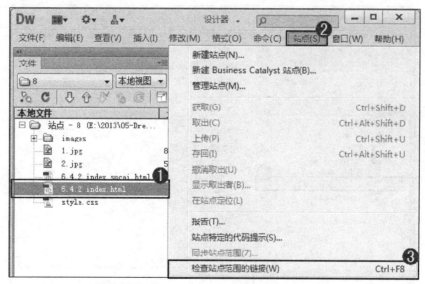

图 6-27

第 2 步 打开【链接检查器】面板，在【显示】下拉列表框中，包括【断掉的链接】、【外部链接】和【孤立的文件】3 个选项，单击任何一项即可检查相应的信息，如图 6-28 所示。

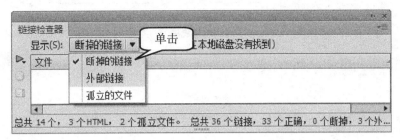

图 6-28

6.6 实践案例与上机指导

通过本章的学习，读者可以掌握应用网页中超级链接方面的知识。下面通过练习操作，达到巩固学习、拓展提高的目的。

6.6.1 锚记链接

锚记链接是网页链接的一种，常用来标记文档的特定位置，使网页中的内容可以快速跳转到当前文档的某个位置或站点的其他文档的标记位置。下面详细介绍创建锚机链接的操作方法。

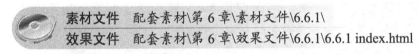

素材文件 配套素材\第 6 章\素材文件\6.6.1\
效果文件 配套素材\第 6 章\效果文件\6.6.1\6.6.1 index.html

第 1 步 打开素材文件，将光标定位在准备插入图像的位置处，①选择【插入】菜单；②在弹出的下拉菜单中，选择【图像】命令，插入素材图像，如图 6-29 所示。

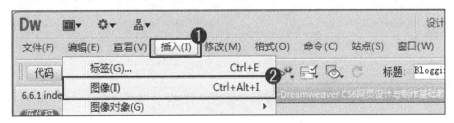

图 6-29

第 2 步 插入图像后，①将鼠标光标定位于准备要插入锚记的位置；②选择【插入】菜单；③在弹出的下拉菜单中，选择【命名锚记】命令，如图 6-30 所示。

第 3 步 弹出【命名锚记】对话框，①在【锚记名称】文本框中，输入锚记的名称；②单击【确定】按钮，如图 6-31 所示，这样即可完成创建锚记的操作。

图 6-30

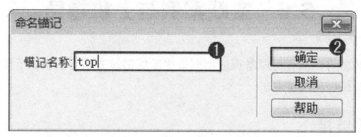

图 6-31

第 4 步 锚记创建完成后，需要为锚记创建链接，①在网页文档中，选择刚刚插入的图像文件；②在【属性】面板上的【链接】文本框中，输入"#top"，如图 6-32 所示。

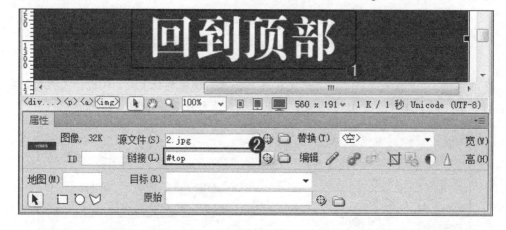

图 6-32

第 5 步 保存文档，按 F12 键，在弹出的网页中，①单击创建的超级链接；②网页的底部瞬间移动到插入锚记的顶部，如图 6-33 所示。

图 6-33

6.6.2　图像映射

图像映射不仅可以将整张图像作为链接的载体，还可以将图像的某一部分设为链接。下面详细介绍图像映射的操作方法。

素材文件　配套素材\第 6 章\素材文件\6.6.2\
效果文件　配套素材\第 6 章\效果文件\6.6.2\6.6.2 index.html

第1步　新建 HTML 文件，选中插入的素材图像文件后，①单击【属性】面板中的【矩形热点工具】按钮□；②在图像上，单击并拖动鼠标，绘制一个多边形热点区域，如图 6-34所示。

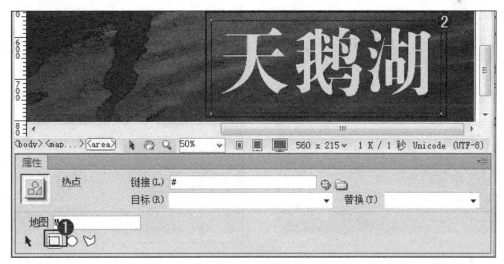

图 6-34

第2步 弹出 Dreamweaver 对话框，单击【确定】按钮，如图 6-35 所示。

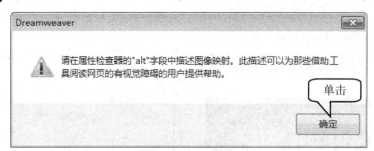

图 6-35

第3步 在【属性】面板上，①在【链接】文本框中，输入热点指向的链接地址；②在【目标】下拉列表框中，选择_blank 选项；③在【替换】下拉列表框中，输入文本，如图 6-36 所示。

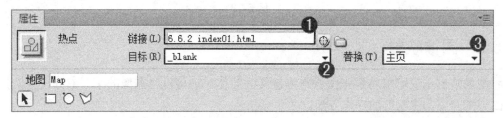

图 6-36

第4步 保存文档，按 F12 键，在弹出的网页中，①单击创建的超级链接；②打开链接的网页，查看图像映射效果，如图 6-37 所示。

图 6-37

6.7　思考与练习

一、填空题

1. 网页中的链接按照链接路径的不同可以分为 3 种形式：_____、_____和_____。

2. 【属性】面板中的_____图标和_____文本框可用于创建从图像、对象或文本到其他文档或文件的_____。

3. 在 Dreamweaver CS6 中，用户可以创建各种类型的超级链接，如_____、图像热点链接、_____、E-mail 链接、_____等。

4. 文本超级链接是_____中最常用的链接，单击文本超级链接将触发文本超级链接所链接的文件，使用文本超级链接创建链接的文件对象可以是_____、_____等。

二、判断题

1. 空链接是未指派对象的链接，用于向页面中的对象或文本附加行为，可以设置空链接的对象包括文本对象、图像对象、热点链接等。　　　　　　　　　　　　（　　）

2. 如果要移动或重命名根目录相对链接所链接的文档，若文档彼此之间的相对路径没有改变，则无须更新这些链接。　　　　　　　　　　　　　　　　　　　（　　）

3. 每个网页都有一个唯一的地址，称作统一资源定位器(URL)。　　　　　（　　）

三、思考题

1. 如何使用菜单创建链接？
2. 如何自动更新链接？

新起点
电脑教程

第 **7** 章

在网页中应用表格

本章主要内容

    本章主要介绍表格的创建与应用、设置表格和处理表格数据方面的知识与技巧，同时还讲解调整表格结构和应用数据表格样式控制的操作方法，在本章的最后还针对实际的工作需求，讲解使用表格布局模式设计网页和制作网页细线表格的方法。通过本章的学习，读者可以掌握在网页中应用表格方面的知识，为深入学习 Dreamweaver CS6 知识奠定基础。

7.1 表格的创建与应用

表格是网页设计中最有用、最常用的工具，除了排列数据和图像外，在网页布局中，表格更多地用于网页对象定位。本节将详细介绍表格的创建与应用方面的知识。

7.1.1 定义表格

表格是由一些粗细不同的横线和竖线构成的，横的称为行，竖的称为列，由行和列相交构成的一个个方格称为单元格，如图 7-1 所示。单元格是表格的基本单位，每一个单元格都是一个独立的正文输入区域，可以输入文字和图形，并单独进行排版和编辑。

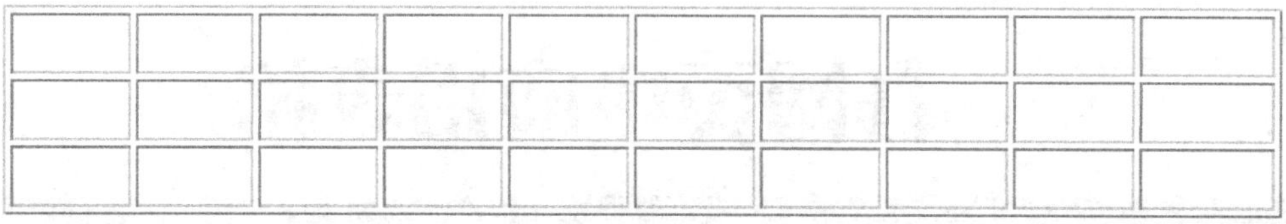

图 7-1

7.1.2 创建表格

表格是网页设计制作不可缺少的元素，它能以简洁明了和高效快捷的方式将图片、文本、数据和表单的元素有序地显示在页面上，有助于设计出漂亮的页面。下面详细介绍插入表格的操作方法。

第 1 步 启动 Dreamweaver CS6，①选择【插入】菜单；②在弹出的下拉菜单中，选择【表格】命令，如图 7-2 所示。

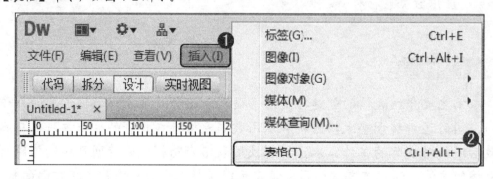

图 7-2

第 2 步 弹出【表格】对话框，①在【行数】文本框中，输入表格的行数；②在【列】文本框中，输入表格的列数；③单击【确定】按钮，如图 7-3 所示。

第 3 步 通过以上方法即可完成创建表格的操作，效果如图 7-4 所示。

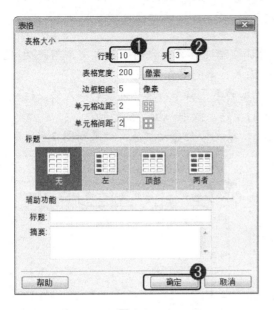

图 7-3

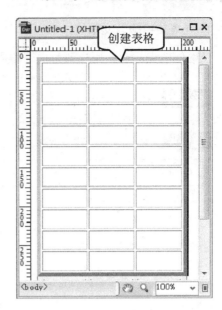

图 7-4

在【表格】对话框中，用户可以进行以下设置。

➢ 【行数】文本框：用来设置表格的行数。

➢ 【列】文本框：用来设置表格的列数。

➢ 【表格宽度】文本框：用来设置表格的宽度，可以填入数值，紧随其后的下拉列表框用来设置宽度的单位，有两个选项：【百分比】和【像素】。当选择【百分比】选项时，表格的宽度会随浏览器窗口的大小而改变。

➢ 【边框粗细】文本框：用来设置表格边框的宽度。

➢ 【单元格边距】文本框：用来设置单元格内部空白的大小。

➢ 【单元格间距】文本框：用来设置单元格与单元格之间的距离。

➢ 【标题】选项组：用来定义标题样式，可以在【无】、【左】、【顶部】、【两者】四种样式中选择一种。

➢ 【标题】文本框：用来定义表格的标题。

➢ 【摘要】文本框：用来对表格进行注释。

智慧锦囊

　　在创建表格的过程中，用户还可以单击【常用】插入栏中的【表格】按钮，同样可以弹出【表格】对话框，从而进行创建表格的操作。

7.1.3　在表格中输入内容

　　表格创建完成后，用户即可向表格中添加内容，在表格中添加的内容可以包括文本、图像或数据。下面详细介绍在表格中输入内容的操作方法。

1. 在表格中输入文本

表格创建完成后，用户即可向表格中添加文本内容，在表格中输入文本与在网页文档中输入文本的方法相同。下面介绍在表格中输入文本的操作方法。

第1步 将鼠标光标定位在准备输入文本的单元格中，选择需要的输入法，输入相关文本文字，这样即可完成在表格中输入文本的操作，效果如图 7-5 所示。

第2步 如果文本超出了单元格的大小，单元格会自动扩展，效果如图 7-6 所示。

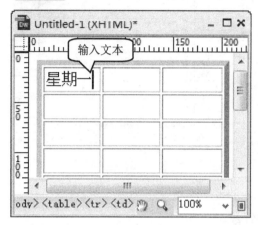
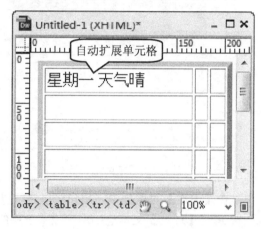

图 7-5   图 7-6

2. 在表格中导入图像

表格创建完成后，用户即可向表格中添加图像文件，在表格中导入图像的方法与在网页文档中导入图像的方法相同。下面介绍在表格中导入图像的操作方法。

第1步 在表格中，①将鼠标光标定位在准备导入图像的单元格中；②选择【插入】菜单项；③在弹出的下拉菜单中，选择【图像】命令，导入图像，如图 7-7 所示。

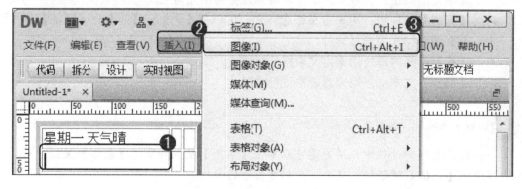

图 7-7

第2步 如果导入的图像超出了单元格的大小，单元格会自动扩展，效果如图 7-8 所示。

3. 在表格中导入数据

Dreamweaver CS6 支持数据的导入与导出。下面将详细介绍在表格中导入数据的操作方法。

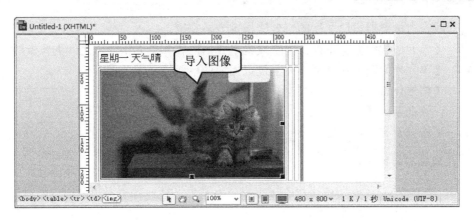

图 7-8

第 1 步　创建新表格，①选择【文件】菜单；②在弹出的下拉菜单中，选择【导入】命令；③在弹出的子菜单中，选择【表格式数据】命令，如图 7-9 所示。

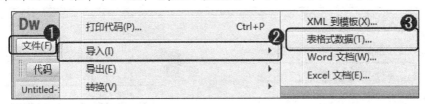

图 7-9

第 2 步　弹出【导入表格式数据】对话框，在对话框中，用户可以对表格进行设置，如图 7-10 所示。

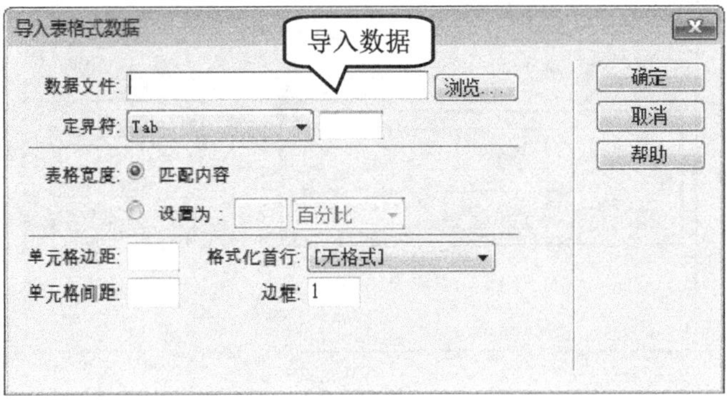

图 7-10

在【导入表格式数据】对话框中，用户可以设置如下选项。

➢ 【数据文件】文本框：显示要导入的文件名称。单击【浏览】按钮，可选择一个文件。

➢ 【定界符】下拉列表框：用于设置导入的文件中所使用的分隔符。

➢ 【匹配内容】单选按钮：选中此单选按钮，可使每个列足够宽，以适应该列中最长的文本字符串。

➢ 【设置为】单选按钮：选中此单选按钮，可以像素为单位指定固定的表格宽度，

或按占浏览器窗口宽度的百分比指定表格宽度。

> 【单元格边距】文本框：用于设置单元格内容和单元格边框之间的像素数。
> 【单元格间距】文本框：用于设置相邻的单元格之间的像素数。
> 【格式化首行】下拉列表框：用于设置应用于表格首行的格式设置。有四个格式设置选项：【[无格式]】、【粗体】、【斜体】或【加粗斜体】。
> 【边框】文本框：用于设置表格边框的宽度。

4. 在表格中导出数据

在 Dreamweaver CS6 中，用户不仅可以导入数据文件，还可以将文档中的数据文件导出。下面详细介绍导出数据的操作方法。

第 1 步 打开包含数据文件的 Dreamweaver 文档，在菜单栏中，①选择【文件】菜单；②在弹出的下拉菜单中，选择【导出】命令；③在弹出的子菜单中，选择【表格】命令，如图 7-11 所示。

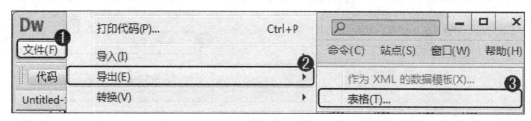

图 7-11

第 2 步 弹出【导出表格】对话框，①设置【定界符】和【换行符】参数；②单击【导出】按钮，如图 7-12 所示。

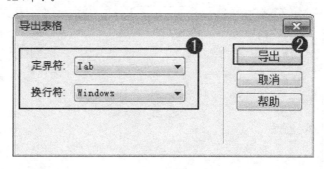

图 7-12

第 3 步 弹出【表格导出为】对话框，①选择准备保存的位置；②在【文件名】文本框中，输入保存的名称；③单击【保存】按钮，如图 7-13 所示，这样即可完成导出数据的操作。

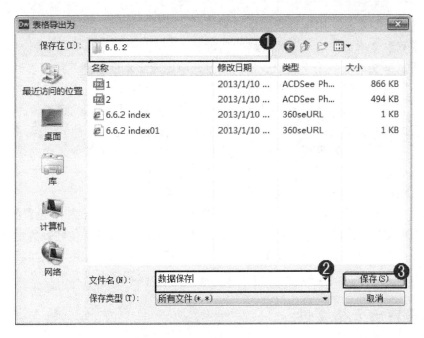

图 7-13

7.2 设 置 表 格

插入表格后，用户可以对其格式进行设置，通过设置表格和单元格属性，能够满足网页设置的需要，本节将介绍设置表格方面的知识。

7.2.1 设置表格属性

设置表格属性，可以使用表格的【属性】面板。在文档中插入表格之后选中当前表格，即可在【属性】面板中对表格进行相关设置，如图 7-14 所示。

图 7-14

在表格的【属性】面板中，用户可以设置以下参数。

➢ 【表格 ID】下拉列表框：表格 ID 即为表格名称，此下拉列表框用于输入表格的名称。

> ➢ 【行】文本框：用于设置表格的行数。
> ➢ 【列】文本框：用于设置表格的列数。
> ➢ 【宽】文本框：用于设置表格的宽度。单击此文本框右侧下拉列表框中的下拉按钮，在弹出的下拉列表中可以选择表格宽度的单位。
> ➢ 【填充】文本框：用于设置单元格内容与单元格边框之间的像素值。
> ➢ 【间距】文本框：用于设置相邻单元格之间的像素值。
> ➢ 【对齐】下拉列表框：用于设置表格相对于同一段落中其他元素的显示位置。
> ➢ 【类】下拉列表框：用于将 CSS 规则应用于对象。
> ➢ 【边框】文本框：用于设置表格边框的宽度。
> ➢ 表格设置区域：其中包括【清除列宽】按钮，用于清除表格中设置的列宽；【将表格宽度设置成像素】按钮，用于将当前表格的宽度单位转换为像素；【将表格当前宽度转换成百分比】按钮，用于将当前表格的宽度单位转换为文档窗口的百分比单位；【清除行高】按钮，用于清除表格中设置的行高。

7.2.2 设置单元格属性

在 Dreamweaver CS6 中，用户不但可以设置行或列的属性，还可以设置单元格的属性。下面详细介绍设置单元格属性的操作方法。

创建表格后，单击准备设置属性的单元格，即可在单元格的【属性】面板中设置相关参数，如图 7-15 所示。

图 7-15

在单元格的【属性】面板中，可以设置以下参数。

> ➢ 【不换行】复选框：选中此复选框，可以将单元格中所输入的文本显示在同一行，防止文本换行。
> ➢ 【标题】复选框：选中此复选框，可以将单元格中的文本设置为表格的标题，默认情况下，表格标题显示为粗体。
> ➢ 【合并】按钮：选中表格中的连续多个单元格，单击此按钮，可以将所选的单元格进行合并。
> ➢ 【拆分】按钮：选中表格中的单个单元格，单击此按钮，弹出【拆分单元格】对话框，设置之后单击【确定】按钮，可以对所选的单元格进行拆分。
> ➢ 【水平】下拉列表框：用于设置单元格内容的水平对齐方式。
> ➢ 【垂直】下拉列表框：用于设置单元格内容的垂直对齐方式。
> ➢ 【宽】和【高】文本框：用于设置表格的宽度和高度。
> ➢ 【背景颜色】按钮：单击此按钮，可在弹出的调色板中选择相应的色块作为背

景颜色。

➢ 【页面属性】按钮：单击此按钮，可以弹出【页面属性】对话框，用于设置网页
文档的属性。

7.3　调整表格结构

在网页中，用户可以对创建的表格进行编辑与调整，从而使表格更加美观。本节将详
细介绍调整表格结构方面的知识与操作技巧。

7.3.1　选择单元格和表格

在使用 Dreamweaver CS6 对表格进行编辑之前，需要先选中表格。下面详细介绍几种
选择单元格及表格的操作方法。

1. 选择单元格

在 Dreamweaver CS6 中，用户不仅可以选择单独的单元格，还可以选择多个单元格。
下面介绍几种选择单元格的方法。

➢ 选择单个单元格：将鼠标指针移动到表格区域，当鼠标指针变成 ⌐ 形状时，在需
要选择的单元格上单击，即可选中所需要的单元格，如图 7-16 所示。

➢ 选择不连续的单元格：将鼠标指针移动到表格区域，按住 Ctrl 键，当鼠标指针变
成 ⌐ 形状时，在需要选择的多个不连续的单元格上依次单击，即可选择不连续的
多个单元格，如图 7-17 所示。

图 7-16

图 7-17

➢ 选择连续单元格：将鼠标光标定位在准备选择的起始单元格内，然后在按住 Shift
键的同时，在准备选择的最后一个单元格内单击，即可选择连续的单元格，如

图 7-18 所示。

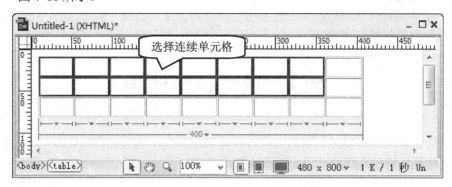

图 7-18

2. 选择表格

在 Dreamweaver CS6 中，用户可以根据网页编辑的需要，进行选择表格的操作。下面介绍几种选择表格的操作方法。

> 使用鼠标选择表格：单击表格上的任意一个边线框，即可选择该表格，如图 7-19 所示。

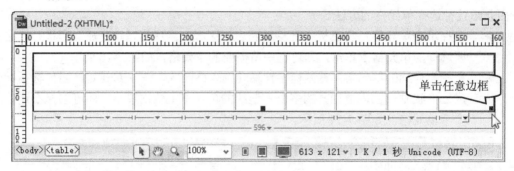

图 7-19

> 使用菜单选择表格：将光标置于表格内的任意位置，选择【修改】→【表格】→【选择表格】命令，即可选择该表格，如图 7-20 所示。

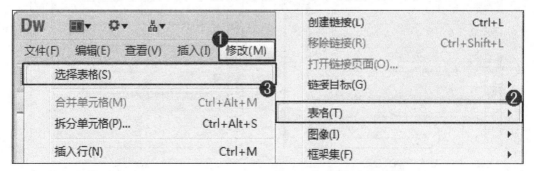

图 7-20

> 使用鼠标选择全部表格：将鼠标指针移动到表格的上边框或下边框，当鼠标指针变成网格形状时，单击鼠标，即可选择全部表格，如图 7-21 所示。

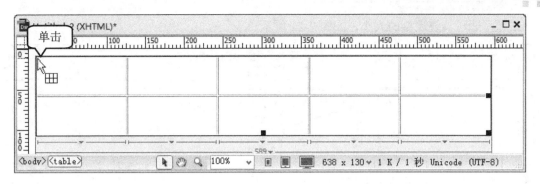

图 7-21

➤ 使用快捷菜单选择全部表格：将鼠标指针移动到表格上并右击，在弹出的快捷菜单中选择【表格】→【选择表格】命令，即可选择全部表格，如图 7-22 所示。

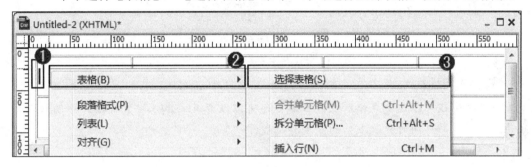

图 7-22

7.3.2　调整单元格和表格的大小

所谓调整表格大小，指的是更改表格的整体高度和宽度。当调整整个表格的大小时，表格中的所有单元格按比例更改大小。下面详细介绍调整表格和单元格大小的操作方法。

在文档中，插入表格以后，可以改变单元格的宽度和高度。将鼠标指针移动到表格内部，当鼠标指针变成双箭头形状↹时，单击并拖动鼠标，即可调整单元格的大小，如图 7-23 所示。

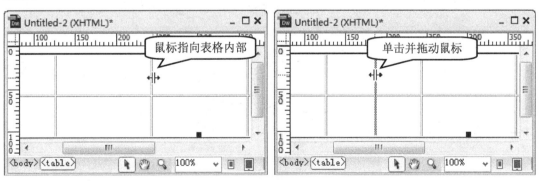

图 7-23

将鼠标指针移动到表格的外轮廓线上，当鼠标指针变成箭头指针形状↔时，单击并拖动鼠标，即可调整表格的大小，如图 7-24 所示。

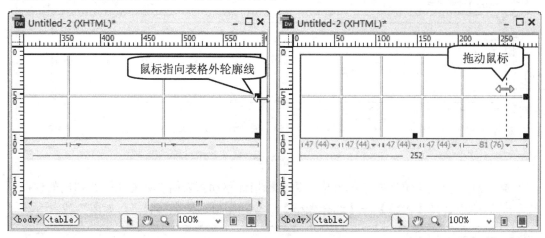

图 7-24

智慧锦囊

　　用户不仅可以改变表格对象的宽度，还可以改变其高度。将鼠标指针移动到表格的边角处，即可同时更改表格的宽度和高度。

7.3.3　插入与删除表格的行和列

　　如果表格对象的单元格区域不足或有富余，用户可以对表格对象进行插入或删除行或列的操作。下面介绍插入与删除表格的行和列的操作方法。

第1步　打开 Dreamweaver CS6，绘制表格，将鼠标光标定位在第 1 行单元格中，在菜单栏中，①选择【修改】菜单；②在弹出的下拉菜单中，选择【表格】命令；③在弹出的子菜单中，选择【插入行】命令，如图 7-25 所示。

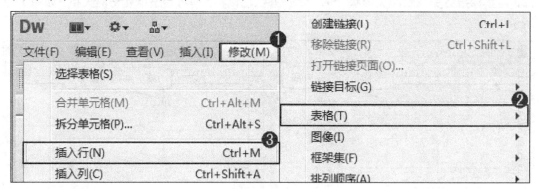

图 7-25

第2步　通过以上方法即可完成插入行的操作，效果如图 7-26 所示。

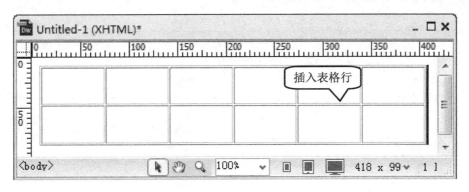

图 7-26

第3步 绘制表格，将鼠标光标定位在第 1 行单元格中，在菜单栏中，①选择【修改】菜单；②在弹出的下拉菜单中，选择【表格】命令；③在弹出的子菜单中，选择【插入列】命令，如图 7-27 所示。

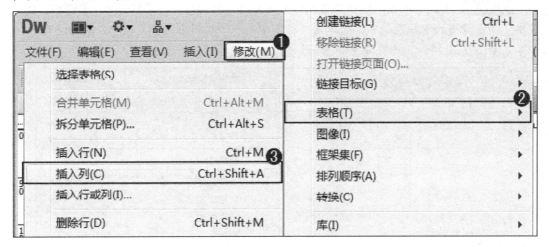

图 7-27

第4步 通过以上方法即可完成插入列的操作，效果如图 7-28 所示。

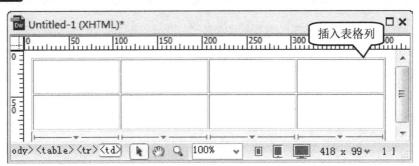

图 7-28

第5步 将鼠标光标定位在准备删除行的任一单元格中，在菜单栏中，①选择【修改】菜单；②在弹出的下拉菜单中，选择【表格】命令；③在弹出的子菜单中，选择【删除行】命令，如图 7-29 所示，这样即可删除行。

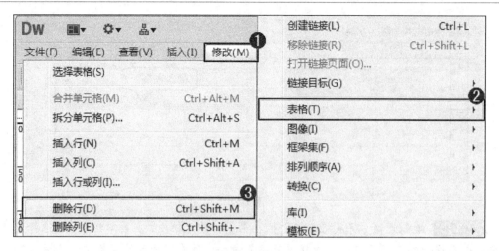

图 7-29

第6步 将鼠标光标定位在准备删除列的任意单元格中，在菜单栏中，①选择【修改】菜单；②在弹出的下拉菜单中，选择【表格】命令；③在弹出的子菜单中，选择【删除列】命令，如图 7-30 所示，这样即可删除列。

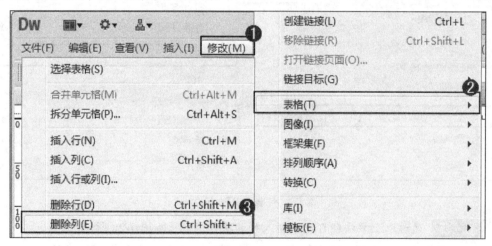

图 7-30

知识精讲

将鼠标光标定位于准备插入行或列的位置，右击，在弹出的快捷菜单中，选择【表格】→【插入行或列】命令，在弹出的【插入行或列】对话框中，用户同样可以进行插入行或列的操作。

7.3.4 拆分单元格

在制作表格的过程中，用户可以对单元格进行拆分，从而实现表格数据拆分的效果。下面详细介绍拆分单元格的操作。

第1步 打开 Dreamweaver CS6，绘制表格，将鼠标光标定位在准备拆分的单元格中，在菜单栏中，①选择【修改】菜单；②在弹出的下拉菜单中，选择【表格】命令；③在弹出的子菜单中，选择【拆分单元格】命令，如图 7-31 所示。

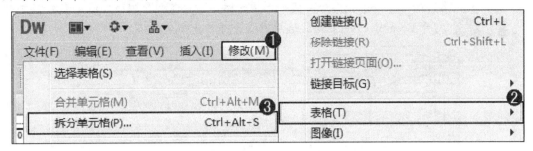

图 7-31

第2步 弹出【拆分单元格】对话框，①在【把单元格拆分】选项组中，选中【列】单选按钮；②在【列数】微调框中，输入拆分的列数值；③单击【确定】按钮，如图 7-32 所示。

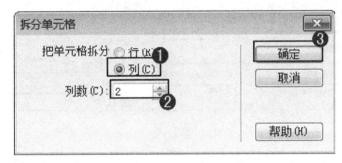

图 7-32

第3步 此时，可以看到单元格已经被拆分，效果如图 7-33 所示。

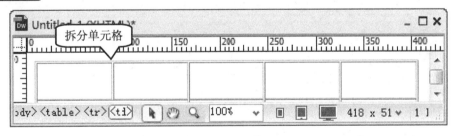

图 7-33

 知识精讲

　　将鼠标光标放置于准备拆分的单元格中，右击，在弹出的快捷菜单中，选择【表格】→【拆分单元格】命令，弹出【拆分单元格】对话框，进行相应的设置，单击【确定】按钮，同样可以完成拆分单元格的操作。

7.3.5 合并单元格

合并单元格是指将多个单元格合并成一个单元格。下面详细介绍合并单元格操作方法。

第1步 打开 Dreamweaver CS6，选中准备合并的多个单元格，如图 7-34 所示。

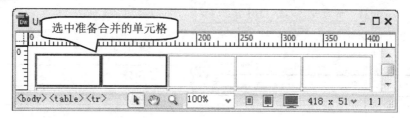

图 7-34

第2步 在菜单栏中，①选择【修改】菜单；②在弹出的下拉菜单中，选择【表格】命令；③在弹出的子菜单中，选择【合并单元格】命令，如图 7-35 所示。

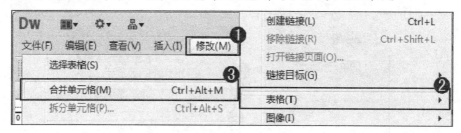

图 7-35

第3步 此时，可以看到选中的单元格已经被合并，效果如图 7-36 所示。

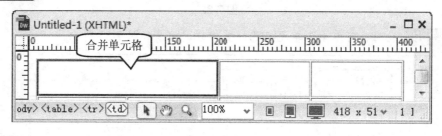

图 7-36

7.3.6 复制、剪切和粘贴表格

在编辑网页的同时，用户还可以对创建的表格进行复制、剪切和粘贴的操作。下面详细介绍复制、剪切和粘贴表格的操作方法。

1. 复制与剪切表格

在编辑表格的过程中，如果准备使用相同的表格数据，用户可以复制表格；如果准备移动表格数据，用户可以剪切表格。下面将详细介绍复制与剪切表格的操作方法。

第1步 打开 Dreamweaver CS6，①选中准备复制的单元格对象；②选择【编辑】菜单；③在弹出的下拉菜单中，选择【拷贝】命令，如图 7-37 所示，这样即可复制表格。

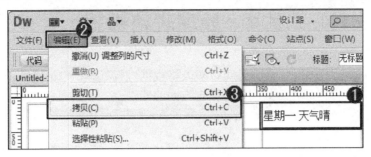

图 7-37

第2步 在 Dreamweaver CS6 中，①选中准备剪切的单元格对象；②选择【编辑】菜单；③在弹出的下拉菜单中，选择【剪切】命令，如图 7-38 所示，这样即可剪切表格。

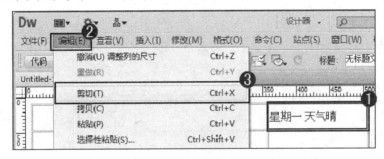

图 7-38

2. 粘贴表格

复制或剪切表格后，用户即可将表格粘贴到指定的单元格中。下面介绍粘贴表格的操作方法。

第1步 打开 Dreamweaver CS6，复制单元格后，选中准备粘贴数据的单元格对象，①选择【编辑】菜单；②在弹出的下拉菜单中，选择【粘贴】命令，如图 7-39 所示。

第2步 此时，复制的数据即粘贴到当前单元格中，效果如图 7-40 所示。

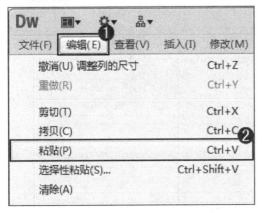

图 7-39　　　　　　　　　　　图 7-40

7.4 处理表格数据

在 Dreamweaver CS6 中，用户还可以对表格数据进行处理，包括排序表格和导入 Excel
表格数据等。本节将详细介绍处理表格数据方面的知识。

7.4.1 排序表格

排序表格一般是针对具有格式数据的表格而言的，Dreamweaver CS6 可以方便地将表格
内的数据进行排序。下面详细介绍排序表格的操作方法。

素材文件　配套素材\第 7 章\素材文件\7.4.1\index.html
效果文件　无

【第1步】 打开素材文件，①选中全部表格；②选择【命令】菜单；③在弹出的下拉菜
单中，选择【排序表格】命令，如图 7-41 所示。

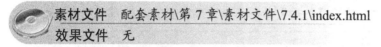

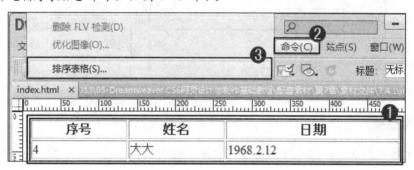

图 7-41

【第2步】 弹出【排序表格】对话框，①设置相应的参数；②单击【确定】按钮，如
图 7-42 所示。

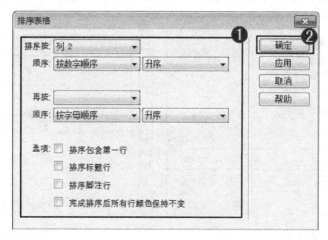

图 7-42

第3步 此时，在窗口中已经将表格进行了排序，效果如图 7-43 所示。

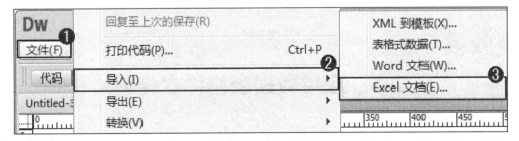

图 7-43

在【排序表格】对话框中，用户可以设置以下参数。

➤ 【排序按】下拉列表框：选择排序需要最先依据的列。

➤ 【顺序】下拉列表框：确定排序方式和排序方向。

➤ 【再按】下拉列表框：可以选择作为其次依据的列，同样可以在【顺序】下拉列表框中选择排序方式和排序方向。

➤ 【排序包含第一行】复选框：可以选择是否从表格的第一行开始进行排序。

➤ 【排序标题行】复选框：可以选择是否使用与 body 行相同的条件对表格 thead 部分中的所有行进行排序。

➤ 【排序脚注行】复选框：可以选择是否使用与 body 行相同的条件对表格 tfoot 部分中的所有行进行排序。

➤ 【完成排序后所有行颜色保持不变】复选框：选中此复选框时，排序时不仅移动行中的数据，行的属性也会随之移动。

7.4.2　导入 Excel 表格数据

在编辑表格的过程中，用户可以将 Excel 表格中的数据直接导入到 Dreamweaver CS6 中，方便用户引用数据。下面介绍导入 Excel 表格数据的操作方法。

第1步 启动 Dreamweaver CS6，新建 HTML 文件，将光标定位在编辑窗口中，①选择【文件】菜单；②在弹出的下拉菜单中，选择【导入】命令；③在弹出的子菜单中，选择【Excel 文档】命令，如图 7-44 所示。

图 7-44

第2步 弹出【导入 Excel 文档】对话框，①在【查找范围】下拉列表框中，选择文件存放的位置；②选择准备打开的 Excel 文档；③单击【打开】按钮，如图 7-45 所示。

图 7-45

第3步 通过以上方法即可完成导入 Excel 表格数据的操作，效果如图 7-46 所示。

图 7-46

7.5 应用数据表格样式控制

通过使用 CSS，可以 HTML 无法提供的方式来设置文本格式和定位文本，从而能更加灵活自如地控制页面的外观。本节将详细介绍应用数据表格样式控制方面的知识。

7.5.1　表格模型

在网页设计中，页面布局是一个重要的部分，Dreamweaver CS6 提供了多种方法来创建和控制网页布局，最普通的方法就是使用表格，使用表格可以简化页面布局设计过程、导入表格化数据、设计页面分栏及定位页面上的文本和图像等。

通过使用<thead>、<tbody>、<tfood>元素，将表格行聚集为组，可以构建更复杂的表格。其中，<thead>标签用于指定表格标题行；< tfood >是表格标题行的补充，是一组作为脚注的行；<tbody>标签标记表格正文部分，表格可以有一个或者多个<tbody>部分。

下面详细介绍创建一个包含表格行组的数据表格的操作方法。

首先，新建一个文档，在工具栏中单击【代码】按钮，在【代码】视图中，输入以下代码。

```
<table width="570" height="217" border="1">
  <tr>
    <th colspan="5" scope="col">本周安排</th>
  </tr>
  <tr>
    <td>星期一</td>
    <td>星期二</td>
    <td>星期三</td>
    <td>星期四</td>
    <td>星期五</td>
  </tr>
  <tr>
    <td>学习</td>
    <td>美术</td>
    <td>休息</td>
    <td>音乐</td>
    <td>美术</td>
  </tr>
  <tr>
    <td>上课</td>
    <td>书法</td>
    <td>上课</td>
    <td>休息</td>
    <td>学习</td>
  </tr>
</table>
</body>
```

输入代码后，保存文档，然后按 F12 键，即可在浏览器中浏览创建的表格，如图 7-47 所示。

智慧锦囊

　　Web 浏览器通过基于浏览器对表格标记理解的默认样式设计显示表格。单元格之间或者表格周围通常没有边框，单元格中的表格数据使用普通文本。

图 7-47

7.5.2 表格标题

caption 元素可定义一个表格标题，caption 标签必须紧随 table 标签之后。只能对每个表格定义一个标题，通常这个标题会在表格上方居中显示。

在一般情况下，可以使用 caption-side 标签，它用来定义网页中的表格标题显示位置。caption-side 属性值如表 7-1 所示。

表 7-1　caption-side 属性值

值	效　果
bottom	标题出现在表格之后
top	标题出现在表格之前
inherit	设置 caption-side 值

智慧锦囊

IE 浏览器并不支持 caption-side 属性，在 IE 浏览器中，表格标题总是出现在表格行之前。

7.5.3 表格样式控制

在 Dreamweaver CS6 中，表格样式的控制，用户可以对表格进行相应的设置。下面详细介绍表格样式控制方面的知识。

1. <table-layout >标签

<table-layout >标签表示设置或检索表格的布局算法，包括 <auto>和<fixed>两个。

<auto>：默认值，默认的自动算法，布局将基于各单元格的内容，表格在每一单元格内所有内容读取计算之后才会显示出来。

<fixed>：固定布局的算法，在这种算法中，表格和列的宽度取决于 col 对象的宽度总

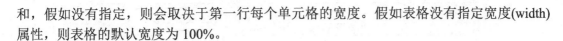

和，假如没有指定，则会取决于第一行每个单元格的宽度。假如表格没有指定宽度(width)属性，则表格的默认宽度为 100%。

2. <COL>标签

<COL>标签指定基于列的表格默认属性，使用 span 属性可以指定 COL 定义的表格列数，该属性的默认值为 1。

3. <COLGROUP> 标签

<COLGROUP>标签指定表格中一列或一组列的默认属性，使用 span 属性可以指定 COLGROUP 定义的表格列数，该属性的默认值为 1。

4. <border-collapse >标签

<border-collapse >标签用于设置或检索表格的行和单元格的边是合并在一起还是按照标准的 HTML 样式分开，其语法包括<separate>和<collapse>，其中前者是默认值。

5. <border-spacing >标签

<border-spacing >标签用于设置或检索当表格边框独立(如当 border-collapse 属性等于 separate)时，行和单元格的边在横向和纵向上的间距，其中<length>为由浮点数字和单位标识符组成的长度值，不可为负值。

6. <empty-cells >标签

<empty-cells>标签用于设置或检索当表格的单元格无内容时，是否显示该单元格的边框。只有当表格行和列的边框独立(如当 border-collapse 属性等于 separate)时，此属性才起作用。

7.6　实践案例与上机指导

通过本章的学习，读者可以掌握在网页中应用表格方面的知识。下面通过练习操作，达到巩固学习、拓展提高的目的。

7.6.1　使用表格布局模式设计网页

在 Web 标准推出之前，所有的网站都是使用网格布局的，使用网格布局既方便又快捷。下面详细介绍使用表格布局模式设计网页的操作方法。

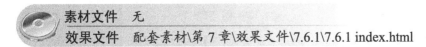
素材文件　无
效果文件　配套素材\第 7 章\效果文件\7.6.1\7.6.1 index.html

第 1 步　启动 Dreamweaver CS6，选择【文件】→【新建】命令，弹出【新建文档】对话框，新建 HTML 文档，并将其保存，如图 7-48 所示。

新起点电脑教程 Dreamweaver CS6 网页设计与制作基础教程

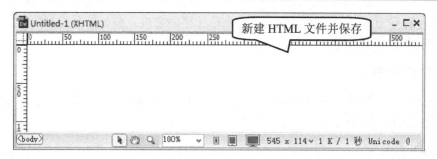

图 7-48

第2步 新建 HTML 文件后，选择【文件】→【新建】命令，弹出【新建文档】对话框，新建一个 CSS 文件，并将其保存，如图 7-49 所示。

图 7-49

第3步 打开创建的 HTML 文件，在【CSS 样式】面板中，单击【附加样式表】按钮，如图 7-50 所示。

第4步 弹出【链接外部样式表】对话框，①单击【文件/URL】下拉列表框右侧的【浏览】按钮，添加刚刚创建的 CSS 文件；②单击【确定】按钮，如图 7-51 所示。

图 7-50

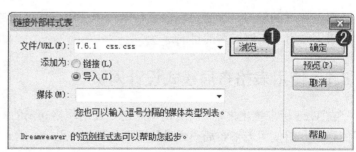

图 7-51

第5步 在【CSS 样式】面板中，单击【新建 CSS】按钮，如图 7-52 所示。

第6步 弹出【新建 CSS 规则】对话框，①在【选择器类型】下拉列表框中，选择【标签(重新定义 HTML 元素)】选项；②在【规则定义】下拉列表框中，选择新建的 CSS 文件；③单击【确定】按钮，如图 7-53 所示。

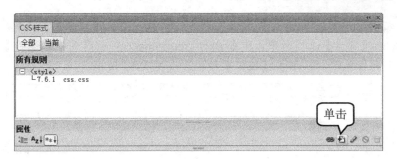

图 7-52

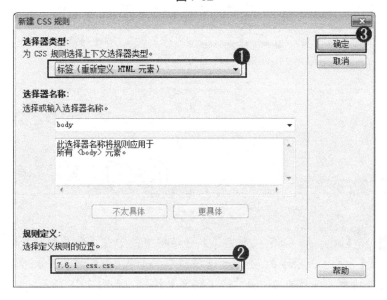

图 7-53

第7步 弹出【body 的 CSS 规则定义】对话框，①在【分类】列表框中，选择【类型】选项；②在【类型】选项卡中，设置各项参数，如图 7-54 所示。

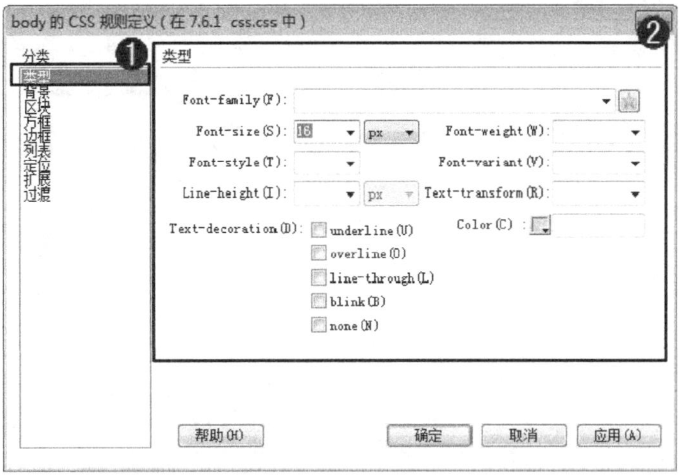

图 7-54

第8步 在【body 的 CSS 规则定义】对话框中，①在【分类】列表框中，选择【背景】选项；②在【背景】选项卡中，单击 Backgroud-image 下拉列表框右侧的【浏览】按钮，选择准备应用的背景图；③单击【确定】按钮，如图 7-55 所示。

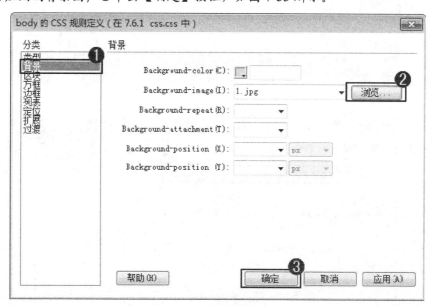

图 7-55

第9步 在【body 的 CSS 规则定义】对话框中，①在【分类】列表框中，选择【方框】选项；②在【方框】选项卡的 Margin 选项组中，选中【全部相同】复选框；③将 Margin 选项组中各选项的数值设置为 0；④单击【确定】按钮，如图 7-56 所示。

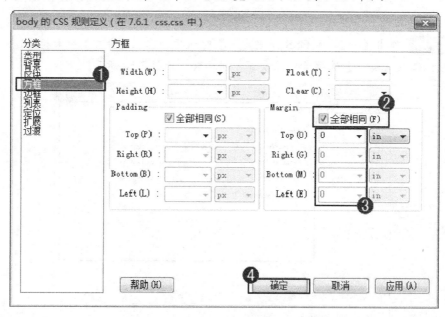

图 7-56

第10步 在【CSS 样式】面板中，可以查看设置的各项参数，如图 7-57 所示。

第 11 步 在【常用】插入栏中，单击【表格】按钮，如图 7-58 所示。

图 7-57　　　　　　　　　　　　　　　　图 7-58

第 12 步 弹出【表格】对话框，①设置表格的行数和列数；②设置【表格宽度】的参数；③在【表格宽度】文本框右侧的下拉列表框中，选择【百分比】选项；④单击【确定】按钮，如图 7-59 所示。

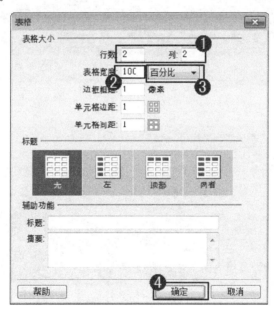

图 7-59

第 13 步 创建表格后，运用合并表格、拆分表格、插入表格等操作，调整表格的样式，得到如图 7-60 所示的效果。

第 14 步 调整表格样式后，在单元格中创建文本并调整文本样式，如字体、大小和对齐方式等，效果如图 7-61 所示。

第 15 步 调整文本样式后，将光标定位在准备插入 SWF 文件的单元格中，选择【插入】→【媒体】→SWF 命令，弹出【选择 SWF】对话框，选择准备打开的 SWF 文件，效果如图 7-62 所示。

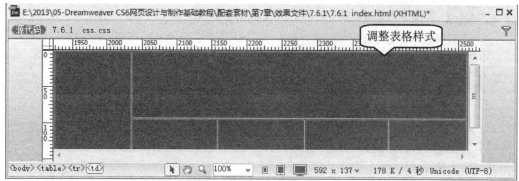

图 7-60

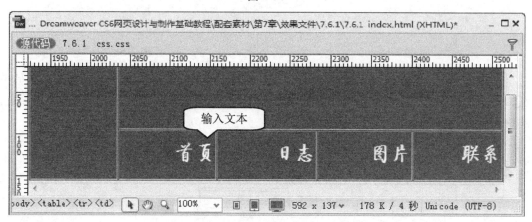

图 7-61

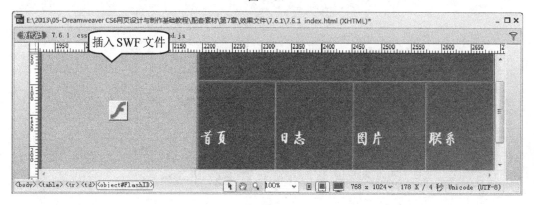

图 7-62

第 16 步 插入 SWF 文件后，将光标定位在准备插入图像文件的位置，选择【插入】→
【图像】命令，插入图像并调整其对齐位置，效果如图 7-63 所示。

第 17 步 插入图像文件后，将光标定位在准备插入文本的位置，输入文本并调整文本
样式，效果如图 7-64 所示。

第 18 步 保存文档，按 F12 键，即可在浏览器中浏览到网页的视觉效果，如图 7-65
所示。

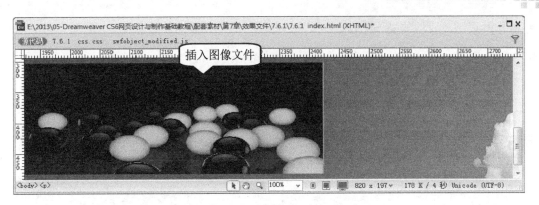

图 7-63

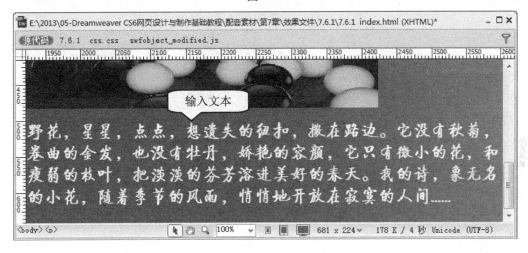

图 7-64

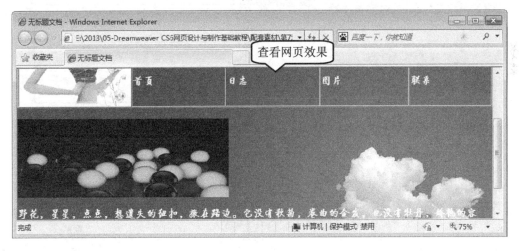

图 7-65

7.6.2　制作网页细线表格

在制作网页的过程中，用户可以对绘制的表格进行制作网页细线的操作。下面详细介绍制作网页细线表格的操作方法。

> **素材文件** 配套素材\第 7 章\素材文件\index.html
> **效果文件** 配套素材\第 7 章\效果文件\index1.html

第 1 步 启动 Dreamweaver CS6,选择【文件】→【打开】命令,打开素材文件,如图 7-66 所示。

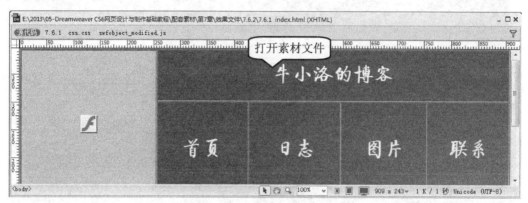

图 7-66

第 2 步 将鼠标光标放置在准备插入表格的位置,在【常用】插入栏中,单击【表格】按钮,如图 7-67 所示。

第 3 步 弹出【表格】对话框,①设置创建表格的各项参数;②单击【确定】按钮,如图 7-68 所示。

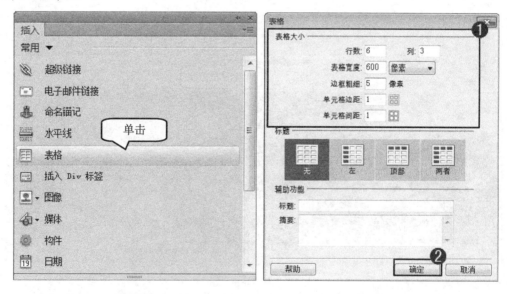

图 7-67   图 7-68

第 4 步 创建表格后,在【属性】面板中,分别设置【填充】、【间距】、【边框】和【对齐】选项的参数,如图 7-69 所示。

图 7-69

第5步 选中创建的表格，①单击工具栏中的【代码】按钮，进入【代码】视图；②在代码区域的合适位置，输入代码"bgcolor="#2FD1FF""，如图 7-70 所示。

图 7-70

第6步 返回到【设计】视图中，可以看到设置好的表格的背景颜色，如图 7-71 所示。

图 7-71

第7步 选择准备使用的字体，在单元格中输入相应的文本，如图 7-72 所示。

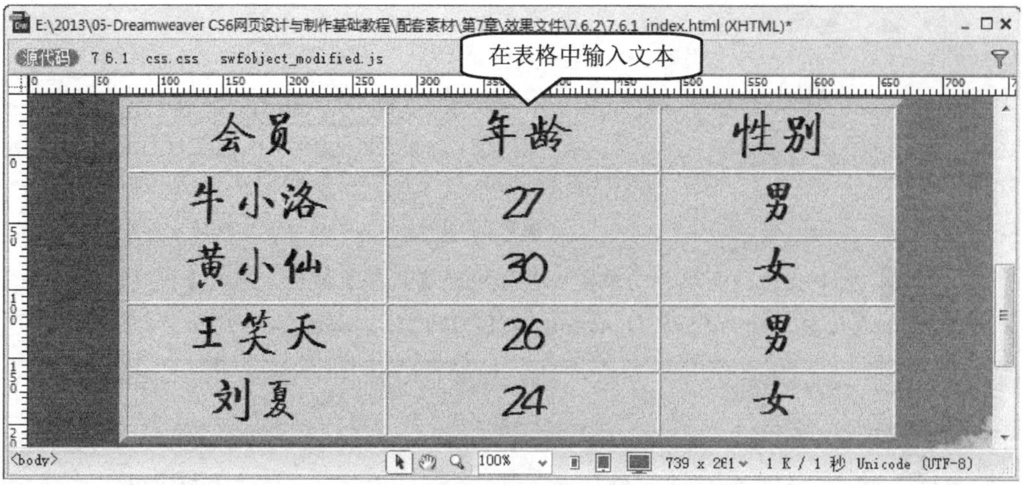

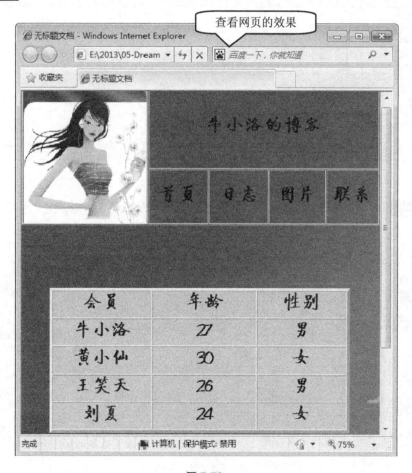

图 7-72

第8步 保存文档，按 F12 键，即可在浏览器中查看网页的效果，如图 7-73 所示。

图 7-73

7.7　思考与练习

一、填空题

1. _____是由一些粗细不同的横线和竖线构成的,横的称为_____,竖的称为列,由行和列相交构成的一个个方格称为_____。

2. 表格是网页设计制作不可缺少的_____,它能以简洁明了和高效快捷的方式将_____、文本、_____和表单的元素_____地显示在页面上,有助于设计出漂亮的页面。

3. 所谓调整表格大小,指的是更改表格的_____和宽度。当调整整个表格的_____时,表格中的所有单元格按_____更改大小。

4. 在编辑表格的过程中,如果准备使用相同的_____,用户可以复制表格;如果准备_____表格数据,用户可以剪切表格。

二、判断题

1. 如果表格对象的单元格区域不足或有富余时,用户可以对表格对象进行插入或删除行或列的操作。　　　　　　　　　　　　　　　　　　　　　　　　　（　　）

2. caption 元素可定义一个表格标题,caption 标签必须紧随 table 标签之后。只能对每个表格定义一个标题,通常这个标题会在表格上方居中显示。　　　　　　（　　）

3. <COL>标签指定基于列的表格默认属性,使用 span 属性可以指定 COLGROUP 定义的表格列数,该属性的默认值为 10。　　　　　　　　　　　　　　　　（　　）

4. 在制作表格的过程中,用户不可以对单元格进行拆分。　　　　　　（　　）

三、思考题

1. 如何创建表格?
2. 如何合并单元格?

新起点
电脑教程

第 8 章

应用 CSS 样式美化网页

本章要点

- CSS 样式表
- 创建 CSS 样式
- 将 CSS 应用到网页
- 设置 CSS 样式

本章主要内容

　　本章主要介绍 CSS 样式表、创建 CSS 样式和将 CSS 应用到网页方面的知识与技巧，同时还讲解设置 CSS 样式的操作方法，在本章的最后还针对实际的工作需求，讲解设置列表样式的方法和样式冲突的含义。通过本章的学习，读者可以掌握应用 CSS 样式美化网页方面的知识，为深入学习 Dreamweaver CS6 知识奠定基础。

8.1 CSS 样式表

运用 CSS 样式表可以依次对若干个网页所有的样式进行控制，CSS(Casscading Style Sheet，层叠样式表或级联样式表)是一种网页制作的新技术，已经被大多数的浏览器所支持。本节将详细介绍 CSS 样式表方面的知识。

8.1.1 认识 CSS

CSS 是用于控制网页样式并允许将样式信息与网页内容分离的一种标记性语言。CSS 是 1996 年由 W3C 审核通过，并且推荐使用的。

CSS 是一系列格式设置规则，可控制 Web 页面内容的显示方式。使用 CSS 设置页面格式时，可将内容与表现形式分开，用于定义代码表现形式的 CSS 规则通常保存在另一个文件(外部样式表)或 HTML 文档的文件头部分。

简单地说，CSS 的引入就是为了使得 HTML 能够更好地适应页面的美工设计。以 HTML 为基础，提供了丰富的格式化功能，并且网页设计者可以针对各种可视化浏览器设置不同的样式风格。

CSS 的引入随即引发了网页设计的一个又一个新高潮，使用 CSS 设计的优秀页面层出不穷。

CSS 样式表有以下特点。

➢ 可以将网页的显示控制与显示内容分离。
➢ 能更有效地控制页面的布局。
➢ 可以制作出体积更小、下载更快的网页。
➢ 可以更快、更方便地维护及更新大量的网页。

8.1.2 CSS 样式的类型

CSS 样式的类型包括自定义 CSS(类样式)、重定义标签的 CSS 和 CSS 选择器样式(高级样式)。

1. 自定义 CSS(类样式)

自定义 CSS 最大的特点就是具有可选择性，可以自由决定将该样式应用于哪些元素。就文本操作而言，可以对一个字、一行、一段乃至整个页面中的文本添加自定义的样式。选择样式应用范围实质是在要使用样式的一对标签之间(如选择范围中没有标签，则 Dreamweaver 会自动添加一个名为 span 的标签)添加一个"class="classname""语句(classname 是引用的样式名称)。

2. 重定义标签的 CSS

重定义标签的 CSS 实际上重新定义了现有 HTML 标签的默认属性，具有"全局性"。一旦对某个标签重定义样式，页面中所有该标签都会按 CSS 的定义显示。但是值得注意的

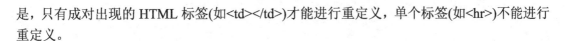

是，只有成对出现的 HTML 标签(如<td></td>)才能进行重定义，单个标签(如<hr>)不能进行重定义。

3. CSS 选择器样式(高级样式)

CSS 选择器样式可以用来控制标签属性，通常用来设置链接文字的样式。对链接文字的控制，有以下四种类型。

- ➤ "a:link"(链接的初始状态)：用于定义链接的常规状态。
- ➤ "a:hover"(鼠标指向的状态)：如果定义了这种状态，当鼠标指针移到链接上时，即按该定义显示，用于增强链接的视觉效果。
- ➤ "a:visited"(访问过的链接)：对已经访问过的链接，按此定义显示。为了能正确区分已经访问过的链接，"a:visited"显示方式要不同于普通文本及链接的其他状态。
- ➤ "a:active"(在链接上按下鼠标时的状态)：用于表现鼠标按下时的链接状态。实际中应用较少。如果没有特别的需要，可以定义成与"a:link"状态或者"a:hover"状态相同。

8.1.3　CSS 样式的基本语法

CSS 的基本语法由三部分构成，分别是选择器(Selector)、属性(Property)和属性值(Value)。

例如：

```
selector {property: value}
p(color:blue)
```

其中，代码 p 是选择器，color 是属性，blue 是属性值。

HTML 中所有的标签都可以作为选择器。

如果需要添加多个属性，在两个属性之间要使用分号进行分隔。下面的样式包含两个属性，一个是对齐方式居中，另一个是文字颜色为红，两个样式之间需要使用分号进行分隔，即：

```
p {text-align:center;color:red}
```

为了提高样式代码的可读性，可以将代码分行书写：

```
p{
text-align: center;
color: black;
font-family: arial
}
```

1. 选择器组

如果需要将相同的属性和属性值赋予多个选择器，选择器之间需要使用逗号进行分隔。例如：

```
h2,h3,h4,h5,h6,h7
{
```

```
color: red
}
```

上面的例子是将所有正文标题(<h2>到<h7>)的文字颜色变成红色。

2. 类选择器

利用类选择器，可以使用同样的 HTML 标签创建不同的样式。

如段落<p>有两种样式，一种是左对齐，另一种是右对齐，代码如下：

```
p.right {text-align:right}
p.center {text-align:center}
```

其中，right 和 center 是两个类。

然后可以引用这两个类，代码如下：

```
<p class="center">左对齐显示</p>
<p class="right">右对齐显示</p>
```

也可以不用 HTML 标签，直接用 "." 加上类名称作为一个选择器，代码如下：

```
.center {text-align: center}
```

通用的类选择器没有标签的局限性，可以用于不同的标签，例如：

```
<h1 class = "center">标题居中显示</h1>
<p class = "center">段落居中显示</p>
```

3. CSS 注释

为了方便以后更好地阅读 CSS 代码，可以为 CSS 添加注释。

CSS 注释以 "/*" 开头，以 "*/" 结束。例如：

```
/*段落样式*/
p
{
text-align: center;
/*居中显示*/
color: black;
font-family: arial
```

知识精讲

> 在 Dreamweaver CS6 中，CSS 的定义代码由一系列的格式定义组成，可以应用到使用标准 HTML 标记格式的文本上，也可以应用到通过 Class(类)属性所设定范围的文本上。

8.2 创建 CSS 样式

在熟悉了 CSS 和 CSS 基本语法之后，便可以创建 CSS 样式，其中包括建立标签样式、建立类样式、建立复合内容样式、链接外部样式表和建立 ID 样式。本节将详细介绍创建 CSS 样式方面的知识。

8.2.1　建立标签样式

标签样式是网页中最为常见的一种样式，一般在创建页面的过程中，首先会建立一个 body 标签样式，方便用户进行编辑。下面详细介绍创建标签样式的操作方法。

素材文件　配套素材\第 8 章\素材文件\ 8.2.1\index.html
效果文件　配套素材\第 8 章\效果文件\ 8.2.1\index.html

第 1 步　启动 Dreamweaver CS6，打开素材文件，在【CSS 样式】面板上，单击【新建 CSS 规则】按钮，如图 8-1 所示。

第 2 步　弹出【新建 CSS 规则】对话框，①在【选择器类型】下拉列表框中，选择【标签(重新定义 HTML 元素)】选项；②在【选择器名称】下拉列表框中，输入选择器的名称；③单击【确定】按钮，如图 8-2 所示。

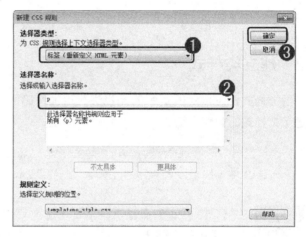

图 8-1　　　　　　　　　　　　　　　　　图 8-2

第 3 步　弹出【body 的 CSS 规则定义】对话框，①在【分类】列表框中，选择【背景】选项；②在【背景】选项卡中，进行标签设置；③单击【确定】按钮，如图 8-3 所示。

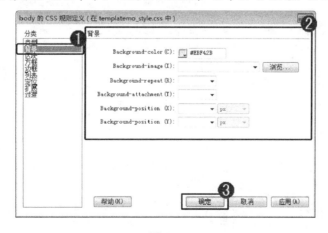

图 8-3

第4步 切换至【代码】视图，可以看到已经添加了相应的代码，如图 8-4 所示。

第5步 保存文档，按 F12 键，即可在浏览器中浏览到网页的效果，如图 8-5 所示。

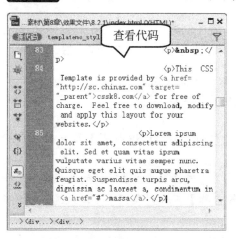

图 8-4

图 8-5

8.2.2 建立类样式

使用类样式，可以对网页中的元素进行更加精确的控制，达到理想的效果。下面详细介绍建立类样式的操作方法。

素材文件 配套素材\第 8 章\素材文件\8.2.2\index.html

效果文件 配套素材\第 8 章\效果文件\8.2.2\index.html

第1步 在【CSS 样式】面板上，单击【新建 CSS 规则】按钮，如图 8-6 所示。

第2步 弹出【新建 CSS 规则】对话框，①在【选择器类型】下拉列表框中，选择【类（可应用于任何 HTML 元素）】选项；②在【选择器名称】下拉列表框中，输入选择器的名称；③单击【确定】按钮，如图 8-7 所示。

图 8-6

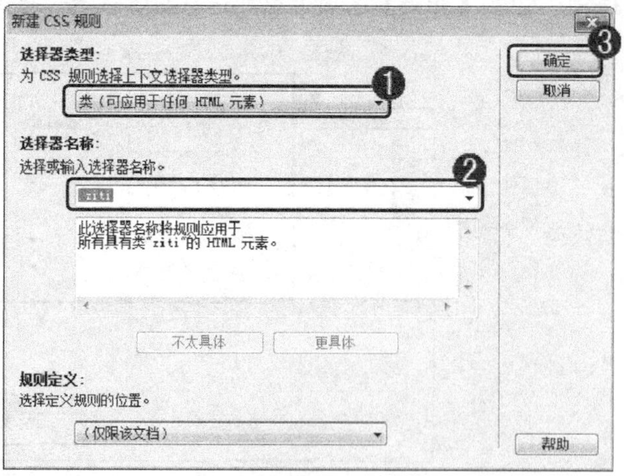

图 8-7

第3步 弹出【.ziti 的 CSS 规则定义】对话框，①在【分类】列表框中，选择【类型】选项；②在【类型】选项卡中，进行文字颜色的设置；③单击【确定】按钮，如图 8-8 所示。

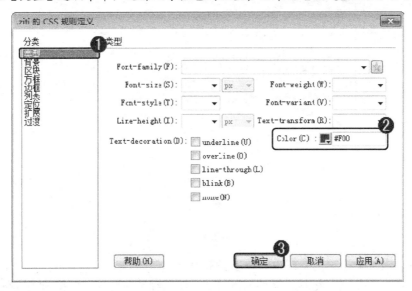

图 8-8

第4步 切换至【代码】视图，可以看到已经添加了相应的代码，如图 8-9 所示。

第5步 保存文档，按 F12 键，即可在浏览器中浏览到网页的效果，如图 8-10 所示。

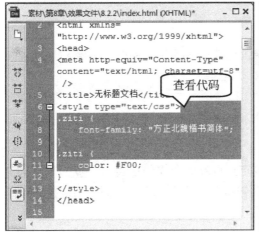

图 8-9

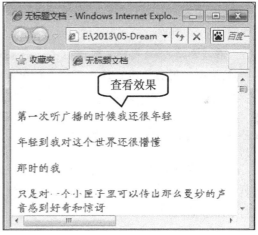

图 8-10

8.2.3 建立复合内容样式

复合内容样式用于重新定义特定元素组合的格式，或其他 CSS 允许的选择器表单的格式。例如，每当 h3 标题出现在表格单元格内时，就会应用选择器 tdh3，表示可以定义的同时影响两个或多个标签。

在【新建 CSS 规则】对话框中，在【选择器类型】下拉列表框中，选择【复合内容(基

于选择的内容)】选项，在【选择器名称】下拉列表框中，包括了 4 个选项，如图 8-11 所示。

图 8-11

【选择器名称】下拉列表框中的各项参数如下。

➢ a:active：定义了链接被激活时的样式，即已经单击链接，但页面还没跳转的样式。
➢ a:hover：定义了鼠标停留在链接的文字上时的样式，一般定义文字、颜色等。
➢ a:link：定义了设置有链接的文字的样式。
➢ a:visited：定义了浏览者已经访问过的链接的样式。

智慧锦囊

在【新建 CSS 规则】对话框中，在【规则定义】下拉列表框中，选择【(仅限该文档)】选项，则表示用户仅在当前文档中嵌入样式。

8.2.4 链接外部样式表

CSS 样式不但可以直接嵌入页面中，而且可以保存为独立的样式文件(扩展名为.css)，需要引用样式文件中的 CSS 样式时，可以将其链接到网页文档中。下面介绍链接外部样式表的操作方法。

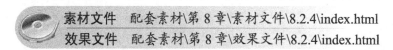

素材文件 配套素材\第 8 章\素材文件\8.2.4\index.html
效果文件 配套素材\第 8 章\效果文件\8.2.4\index.html

第1步 在【CSS 样式】面板上，单击【附加样式表】按钮▧，如图 8-12 所示。
第2步 弹出【链接外部样式表】对话框，①单击【文件/URL】下拉列表框右侧的【浏览】按钮，插入 CSS 文件；②选中【链接】单选按钮；③单击【确定】按钮，如图 8-13 所示。

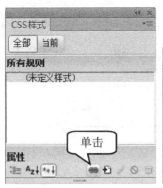

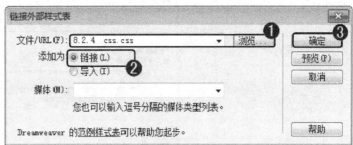

图 8-12　　　　　　　　　　　　　　　　图 8-13

第3步 保存文档，按 F12 键，即可在网页中查看效果，如图 8-14 所示。

图 8-14

8.2.5 建立 ID 样式

建立 ID 样式注意用于定义包含特定 ID 属性的标签格式。下面详细介绍建立 ID 样式的操作方法。

素材文件　无
效果文件　配套素材\第 8 章\效果文件\8.2.5\index.html

第1步 新建 HTML 文件，在【CSS 样式】面板上，单击【新建 CSS 规则】按钮，如图 8-15 所示。

第2步 弹出【新建 CSS 规则】对话框，①在【选择器类型】下拉列表框中，选择【ID(仅应用于一个 HTML 元素)】选项；②在【选择器名称】下拉列表框中，输入选择器的名称；③单击【确定】按钮，如图 8-16 所示。

第3步 弹出【#top 的 CSS 规则定义】对话框，①在【分类】列表框中，选择【方框】选项；②在【方框】选项卡中，设置参数；③单击【确定】按钮，如图 8-17 所示。

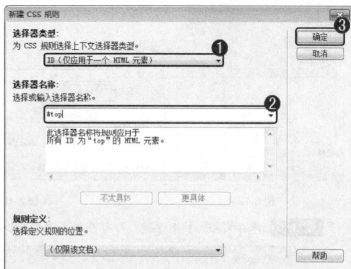

图 8-15　　　　　　　　　　　　　　　　　　图 8-16

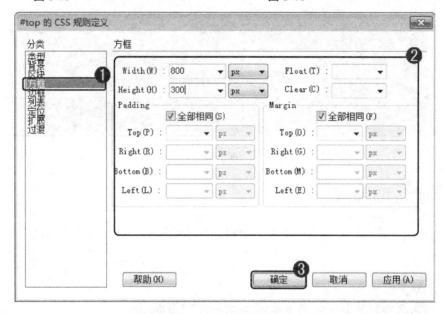

图 8-17

第4步 在【常用】插入栏中，单击【插入 Div 标签】按钮，如图 8-18 所示。

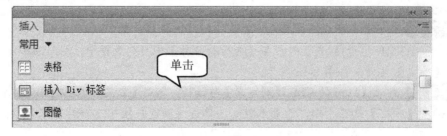

图 8-18

【第5步】 弹出【插入 Div 标签】对话框，①在【插入】下拉列表框中，选择【在结束标签之前】选项；②在 ID 下拉列表框中，输入字符，如 top；③单击【确定】按钮，如图 8-19 所示。

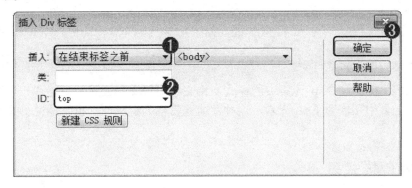

图 8-19

【第6步】 保存文档，按 F12 键，即可在网页中查看效果，如图 8-20 所示。

图 8-20

 知识精讲

在【新建 CSS 规则】对话框的【选择器名称】下拉列表框中，输入的 ID 必须以井号（#）开头，并且可以包含任何字母和数字组合。

8.3 将 CSS 应用到网页

在 Dreamweaver CS6 中，用户还可以将 CSS 应用到网页中，使网页更加独特。本节将详细介绍将 CSS 应用到网页方面的知识。

8.3.1 内联式样式表

内联式样式表是在现有 HTML 元素的基础上，用 style 属性把特殊的样式直接加入到那些控制信息的标记中，例如：

```
<p style="color: #ff0000">内联式样式表</p>
```

这种样式表只会对元素起作用，而不会影响 HTML 文档中的其他元素。也正因为如此，内联式样式表通常用在需要特殊格式的某个网页对象上。在下面的实例中，各段文字都定义了自己的内联式样式表：

```
<p style="color:#ff0000">这段文字将显示为红色</p>
<p style="color:#000000; background-color:yellow;">这段文字的背景色为<I>黄色</I></p>
<p style=" font-family: '华文彩云'; font-size:24px">这段文字将以黑体显示</p>
```

这段代码中的第一个 p 元素中的样式表将文字用华文彩云显示，还有一个特殊的地方是第二个 p 元素中还嵌套了<I>元素，这种性质通常称为继承性，也就是说子元素会继承父元素的样式。

8.3.2 外部样式表

外部样式表是指将样式表作为一个独立的文件保存在计算机上，这个文件以.css 作为文件的扩展名。样式在样式表文件中的定义和在嵌入式样式表中的定义是一样的，只是不再需要 style 元素。下面例子中就将嵌入式样式定义到一个样式表文件 mystyle.css 中，这个样式表文件的内容应该为嵌入式样式表中的所有样式，如下所示：

```
h1{
    font-size: 36px;
    font-family: "隶书";
    font-weight: bold;
    color: #993366;
}
```

CSS 样式表在页面中应用的主要目的是实现良好的网站文件管理及样式管理，分离式结构有助于合理划分表现与内容。

8.3.3 内部样式表

内部样式表是把样式表放到页面的<head>区里，这些定义的样式就应用到页面中，样式表是用<style>标记插入的，从下例中可以看出<style>标记的用法：

```
<head>
<style type="text/css">
<!--
hr {color: sienna}
p {margin-left: 20px}
body {background-image: url("images/back40.gif")}
-->
</style>
</head>
```

知识精讲

有些低版本的浏览器不能识别 style 标记，这意味着低版本的浏览器会忽略 style 标记里的内容，并把 style 标记里的内容以文本直接显示到页面上。为了避免这样的情况发生，一般用加 HTML 注释的方式(<!-- 注释 -->)隐藏内容而不让其显示。

8.4 设置 CSS 样式

在 Dreamweaver CS6 中，用户可以对 CSS 样式格式进行精确定制，从而制作出更符合工作要求的网页效果。本节将详细介绍设置 CSS 样式方面的知识。

8.4.1 设置文本类型样式

在网页中设置文本类型样式和在 Word 中设置文本样式相同。下面详细介绍设置文本类型样式的操作方法。

在【.body 的 CSS 规则定义】对话框的【分类】列表框中，选择【类型】选项，这样即可对文本的类型进行设置，如图 8-21 所示。

图 8-21

在【类型】选项卡中，用户可以对以下选项进行设置。

➢ Font-family(字体)下拉列表框：用于设置当前样式所使用的字体。

➢ Font-size(大小)下拉列表框：用于设置文本大小。可设置相对大小或者绝对大小。设置绝对大小时还可以在其右侧的下拉列表框中选择单位，常使用"点数(px)"为单位，一般把正文字体大小设置为 9px 或 10.5px。

➢ Font-style(样式)下拉列表框：用于设置字体的特殊格式，包括【正常】、【斜体】和【偏斜体】三个选项。

➢ Line-height(行高)下拉列表框：用于设置文本所在行的高度。选择【正常】选项，则由系统自动计算行高和字体大小；也可以直接在其中输入具体的行高数值，然后在右侧的下拉列表框中选择单位。行高的单位应该和文字的单位一致，行高的值应等于或略大于文字大小。

➢ Font-weight(粗细)下拉列表框：用于设置文字的笔画粗细。选择粗细数值，可以指定字体的绝对粗细程度；选择【粗体】、【特粗】或【细体】选项，则可以指定字体相对的粗细程度。

➢ Font-variant(变体)下拉列表框：用于设置文本的小型大写字母变体，即将小写字母改为大写，但显示尺寸仍按小写字母的尺寸显示。该设置只有在浏览器中才能看到效果。

➢ Text-transform(大小写)下拉列表框：用于将英文单词的首字母大写或全部大写或全部小写。

➢ Text-decoration(修饰)选项组：用于向文本中添加下划线、上划线或删除线，或使文本闪烁。常规文本的默认设置是 none(无)，链接文本的默认设置是 underline(下划线)。

➢ Color(颜色)选项组：用于设置文本颜色，可以通过颜色选择器选取，也可以直接在文本框中输入颜色值。

8.4.2 设置背景样式

在不使用 CSS 样式的情况下，利用页面属性只能够使用单一颜色或将图像水平及垂直平铺来设置背景。使用【.body 的 CSS 规则定义】对话框中的【背景】选项卡能够更加灵活地设置背景，可以对页面中的任何元素应用背景属性，如图 8-22 所示。

图 8-22

在【背景】选项卡中，可以对以下选项进行设置。

➢ Background-color(背景颜色)选项组：用于设置元素的背景颜色。

➢ Background-image(背景图像)选项组：用于设置元素的背景图像。

➢ Background-repeat(重复)下拉列表框：用于设置当使用图像作为背景时是否需要重复显示，一般用于图像尺寸小于页面元素面积的情况。包括以下 4 个选项：【不重复】，表示只在元素开始处显示一次图像；【重复】，表示在应用样式的元素背景的水平方向和垂直方向上重复显示该图像；【横向重复】，表示在应用样式的元素背景的水平方向上重复显示该图像；【纵向重复】，表示在应用样式的元素背景的垂直方向上重复显示该图像。

➤ Background-attachment(附件)下拉列表框：有两个选项，即【固定】和【滚动】，
分别决定背景图像是固定在原始位置还是可以随内容一起滚动。

➤ Background-position(X)(水平位置)和 Background-posttion(Y)(垂直位置)选项组：用
于指定背景图像相对于元素的对齐方式，可以将背景图像与页面中心水平和垂直
对齐。

8.4.3　设置方框样式

使用【.body 的 CSS 规则定义】对话框中的【方框】选项卡，用户可以用于控制元素在
页面上的放置方式的标签和属性定义设置，如图 8-23 所示。

图 8-23

在【方框】选项卡中，用户可以对以下选项进行设置。

➤ Width(宽)和 Height(高)选项组：用于设置宽度和高度，只有在样式应用于图像或
层时，才起作用。

➤ Float(浮动)下拉列表框：用于设置文本、层、表格等元素在哪个边围绕元素浮动，
元素按设置的方式环绕在浮动元素的周围。

➤ Clear(清除)下拉列表框：用于设置元素的哪个边不允许有层，如果层出现在被清
除的那一边，则元素将移动到层的下面。

➤ Padding(填充)选项组：用于指定元素内容与元素边框之间的间距(如果没有边框，
则为边距)。选中【全部相同】复选框，可为应用此属性元素的"上"、"右"、
"下"和"左"侧设置相同的填充属性；取消选中【全部相同】复选框，则可分
别设置元素各个边的填充。

➤ Margin(边界)选项组：用于指定一个元素的边框与其他元素之间的间距，只有当样
式应用于文本块一类的元素(段落、标题、列表等)时，才起作用。选中【全部相同】
复选框，可为应用此属性元素的"上"、"右"、"下"和"左"侧设置相同的
边距属性；取消选中【全部相同】复选框，则可分别设置元素各个边的边距。

8.4.4　设置区块样式

在【.body 的 CSS 规则定义】对话框左侧的【分类】列表框中，选择【区块】选项，用户便可以在【区块】选项卡中定义标签和属性的间距和对齐设置，如图 8-24 所示。

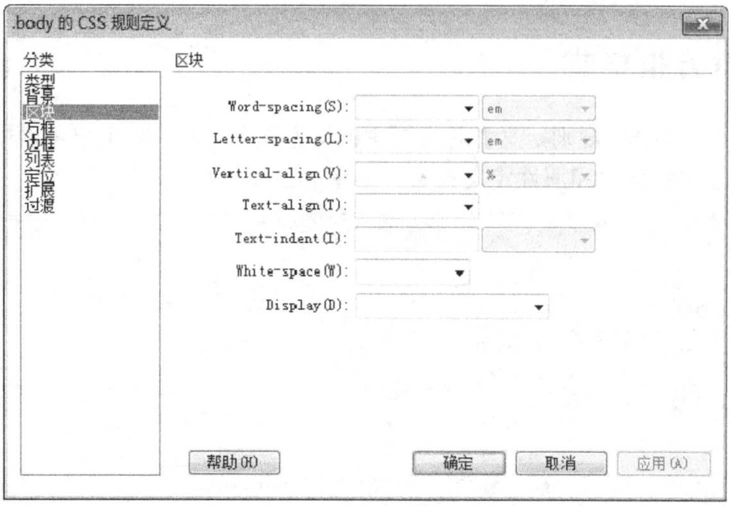

图 8-24

在【区块】选项卡中，用户可以对以下选项进行设置。

➢ Word-spacing(单词间距)选项组：用于设置英文单词之间的距离。
➢ Letter-spacing(字母间距)选项组：用于增加或减小文字之间的距离，若要减小字符间距，可以指定一个负值。
➢ Vertical-align(垂直对齐)选项组：用于设置应用元素的垂直对齐方式。
➢ Text-align(文本对齐)下拉列表框：用于设置应用元素的水平对齐方式，包括【居左】、【居右】、【居中】和【两端对齐】四个选项。
➢ Text-indent(文字缩进)选项组：用于指定每段中的第一行文本缩进的距离，可以使用负值创建凸出的文本，但显示方式取决于浏览器。
➢ White-space(空格)下拉列表框：用于确定如何处理元素中的空格。包括三个选项：【正常】，按正常的方法处理其中的空格，即将多个空格处理为一个；【保留】，将所有的空格都作为文本，用<pre>标记进行标识，保留应用样式元素原始状态；【不换行】，文本只有在遇到
标记时才换行。
➢ Display(显示)下拉列表框：用于设置是否以及如何显示元素，如果选择【无】选项，则会关闭应用此属性的元素的显示。

8.4.5　设置边框样式

在【.body 的 CSS 规则定义】对话框左侧的【分类】列表框中，选择【边框】选项，用户便可以在【边框】选项卡中定义元素周围的边框的宽度、颜色和样式等设置，如图 8-25

所示。

图 8-25

在【边框】选项卡中，用户可以对以下选项进行设置。

➢ Style(样式)选项组：用于设置边框的外观样式，边框样式包括【无】、【点划线】、
【虚线】、【实线】、【双线】、【槽状】、【脊状】、【凹陷】和【凸出】等，
所定义的样式只有在浏览器中才呈现出效果，且实际显示方式还与浏览器有关。

➢ Width(宽度)选项组：用于设置元素边框的粗细，包括【细】、【中】、【粗】，
也可设定具体数值。

➢ Color(颜色)选项组：用于设置边框的颜色。

8.4.6 设置定位样式

【定位】选项卡用于设置层的相关属性，使用定位样式可以自动新建一个层并把页面
中使用该样式的对象放到层中，并且用在对话框中设置的相关参数控制新建层的属性，如
图 8-26 所示。

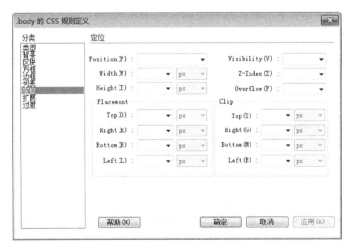

图 8-26

在【定位】选项卡中，用户可以对以下选项进行设置。

➢ Position(类型)下拉列表框：包括三个选项，【绝对】，使用绝对坐标定位层，在【定位】文本框中输入相对于页面左上角的坐标值；【相对】，使用相对坐标定位层，在【定位】文本框中输入相对于应用样式的元素在网页中原始位置的偏离值，这一设置无法在编辑窗口中看到效果；【静态】，使用固定位置，设置层的位置不移动。

➢ Visibility(显示)下拉列表框：用于确定层的可见性，如果不指定显示属性，则默认情况下大多数浏览器都继承父级的属性。

➢ Z-Index(Z 轴)下拉列表框：用于确定层的叠加顺序。

➢ Overflow(溢位)下拉列表框：用于确定当层的内容超出层的大小时的处理方式。

➢ Placement(置入)选项组：用于指定层的位置和大小，具体含义主要根据在Position(类型)下拉列表框中的设置，由于层是矩形的，需要两个点就可以准确地描绘层的位置和形状。第 1 个是左上角的顶点，由 Left(左)和 Top(上)两项进行设置；第 2 个是右下角的顶点，用 Bottom(下)和 Right(右)两项进行设置。

➢ Clip(裁切)选项组：用于设置限定层中可见区域的位置和大小。

8.4.7 设置扩展样式

扩展属性包括过滤器、分页和鼠标选项，大部分效果受浏览器的限制，一般 Internet Explorer 4.0 和更高版本的浏览器支持。在【.body 的 CSS 规则定义】对话框的【扩展】选项卡中，即可进行相应的设置，如图 8-27 所示。

图 8-27

在【扩展】选项卡中，用户可以对以下选项进行设置。

➢ 【分页】选项组：用于设置打印时在样式所控制的对象之前或者之后强行分页。

➢ Cursor(鼠标效果)下拉列表框：用于设置当指针位于样式所控制的对象上时改变指针图像。

➢ Filter(CSS 滤镜)下拉列表框：又称过滤器，用于为网页中的元素添加各种效果。

8.4.8 设置过渡样式

在【.body 的 CSS 规则定义】对话框左侧的【分类】列表框中，选择【过渡】选项，用户便可以在【过渡】选项卡中设置所有可动画的属性，如图 8-28 所示。

图 8-28

在【过渡】选项卡中，用户可以对以下选项进行设置。

➢ 【所有可动画属性】复选框：选中该复选框后，可以设置所有的动画属性。
➢ 【属性】列表框：用于为 CSS 过渡效果添加属性。
➢ 【持续时间】选项组：用于设置 CSS 过渡效果的持续时间。
➢ 【延迟】选项组：用于设置 CSS 过渡效果的延迟时间。
➢ 【计时功能】下拉列表框：用于设置动画的计时方式。

8.5 实践案例与上机指导

通过本章的学习，读者可以掌握应用 CSS 样式美化网页方面的知识。下面通过练习操作，达到巩固学习、拓展提高的目的。

8.5.1 设置列表样式

在【CSS 规则定义】对话框左侧的【分类】列表框中，选择【列表】选项，用户便可以在【列表】选项卡中为列表标记定义项目符号、大小和类型等列表设置，如图 8-29 所示。
在【列表】选项卡中，用户可以对以下选项进行设置。

➢ List-style-type(类型)下拉列表框：用于设置项目符号或编号的外观。
➢ List-style-image(项目符号图像)选项组：用于为项目符号指定自定义图像，可以在下拉列表框中输入图像的路径，或单击【浏览】按钮选择图像。

➢ List-style-Position(位置)下拉列表框：用于设置列表项换行时是缩进还是边缘对齐，选择【内】选项，设置列表换行时为缩进；选择【外】选项，设置列表换行时为边缘对齐。

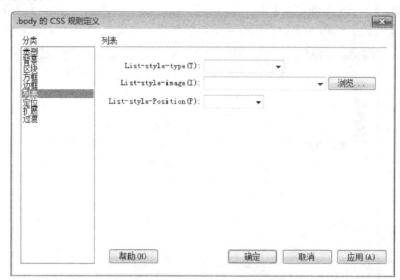

图 8-29

8.5.2 样式冲突

将两个或两个以上的 CSS 规则应用于同一元素时，这些规则可能会发生冲突并产生意外的结果，存在两种情况：一种是应用于同一元素的多个规则分别定义了元素的不同属性，这时，多个规则同时起作用；另一种是两个或两个以上的规则同时定义了元素的同一属性，这种情况称为样式冲突。如果发生冲突，浏览器会按就近优先的原则应用 CSS 规则。

如果应用于同一元素的两种规则的属性发生冲突，则浏览器按离元素本身最近规则的属性显示。如一个样式 mycss1{color=red}应用于<body>标签，另一个样式 mycss2{color=green}应用于文本所处的<p>标签，则文本按 mycss2 规定的属性显示为绿色。

如果链接在当前文档的两个外部样式表文件同时重定义了同一个 HTML 标签，则后链接的样式表文件优先(在 HTML 文档中，后链接的外部样式表文件的链接代码在先链接的链接代码之后)。

8.6 思考与练习

一、填空题

1. 内联式样式表是在现有_____的基础上，用_____属性把特殊的样式直接加入到那些控制信息的_____中。
2. CSS 的基本语法由三部分构成，分别是_____、_____和_____。

3.　扩展属性包括＿＿＿＿＿＿、分页和＿＿＿＿＿＿选项，大部分效果受浏览器的限制，一般
＿＿＿＿＿＿和更高版本的浏览器支持。

二、判断题

1.　CSS(Cascading Style Sheet，层叠样式表)是用于控制网页样式并允许将样式信息与
网页内容分离的一种标记性语言。　　　　　　　　　　　　　　　　　　　　　　（　　）

2.　使用类样式，不可以对网页中的元素进行更加精确的控制，达到理想的效果。

（　　）

3.　外部样式表是指将样式表作为一个独立的文件保存在计算机上，这个文件以.css 作
为文件的扩展名。　　　　　　　　　　　　　　　　　　　　　　　　　　　　　（　　）

三、思考题

1.　CSS 样式表有哪些特点？
2.　如何链接外部样式表？

新起点

电脑教程

第 **9** 章

—— 应用 CSS+Div 灵活布局网页 ——

本章要点

- 📖 Div 简介
- 📖 CSS 定位
- 📖 Div 布局
- 📖 CSS 布局方式

本章主要内容

　　本章主要介绍 Div 和 CSS 定位方面的知识与技巧，同时还讲解 Div 布局和 CSS 布局方式的操作方法，在本章的最后还针对实际的工作需求，讲解了三列浮动中间列宽度自适应布局和一列自适应宽度的方法。通过本章的学习，读者可以掌握应用 CSS+Div 灵活布局网页方面的知识，为深入学习 Dreamweaver CS6 知识奠定基础。

9.1 Div 简 介

Div 标签在 Web 标准的网页中使用得非常频繁，Div 与其他 XHTML 标签一样，是一个 XHTML 所支持的标签，可以很方便地实现网页的布局。本节将详细介绍 Div 方面的知识。

9.1.1 Div 概述

Div 元素是用来为 HTML 文档内大块(block-level)的内容提供结构和背景的元素，Div 的起始标签和结束标签之间的所有内容都是用来构成这个块的，其中所包含元素的特性由 Div 标签的属性来控制，或者是通过使用样式表格式化这个块来进行控制。

Div 的全称是 Division，译为"区分"，称为区隔标记。其作用是设定文字、图片、表格等的摆放位置。当使用 CSS 布局时，主要把其用在 Div 标签上。

Div 简单而言是一个区块容器标记，即<Div>与</Div>之间相当于一个容器，可以容纳段落、标题、表格、图片，乃至章节、摘要和备注等各种 HTML 元素。因此，可以把<Div>与</Div>中的内容视为一个独立的对象，用于 CSS 的控制，声明时只需要对<Div>进行相应的控制，其中的各标记元素都会因此而改变。

9.1.2 <Div>和<Span>的区别与相同点

1. <Div>和<Span>的区别

<div>与<span>的区别在于：<div>是一个块级元素，包围的元素会自动换行；而<span>仅仅是一个行内元素，在前后不会换行，<span>没有结构上的意义，纯粹是应用样式。

此外，<span>标记可以包含于<div>标记之中，成为子元素,而反过来则不成立，即<span>标记不能包含<div>标记。具体代码如下：

```
<html>
<head>
<title>div 与 span 的区别</title>
</head>
<body>
<p>div 标记不同行：</p>
<div><img src="building.jpg" border="0"></div>
<div><img src="building.jpg" border="0"></div>
<div><img src="building.jpg" border="0"></div>
<p>span 标记同一行：</p>
<span><img src="building.jpg" border="0"></span>
<span><img src="building.jpg" border="0"></span>
<span><img src="building.jpg" border="0"></span>
</body>
</html>
```

2. <Div>和<Span>的相同点

<span>标记与<div>标记一样，作为容器标记而被广泛应用在 HTML 语言中，在<span>与</span>中间同样可以容纳各种 HTML 元素，从而形成独立的对象，如把<div>换成<span>，执行后也会发现效果完全一样。可以说<div>与<span>这两个标记起到的作用都是独立出各个区块，在这个意义上二者没有太多的不同，下面介绍一段<div>代码，用户将其中的<div>替换成<span>，其计算结果相同，代码如下：

```
<head>
<title>div 标记范例</title>
<style type="text/css">
<!--
div{
font-size:18px; /* 字号大小 */
font-weight:bold; /* 字体粗细 */
font-family:Arial; /* 字体 */
color:#FF0000; /* 颜色 */
background-color:#FFFF00; /* 背景颜色 */
text-align:center; /* 对齐方式 */
width:300px; /* 块宽度 */
height:100px; /* 块高度 */
}
-->
</style>
 {</head>
<body>
<div>
}
这是一个 div 标记
</div>
</body>
```

　智慧锦囊

> 在 Dreamweaver CS6 中，<span>作为内联对象，其用途是对行内元素进行结构编码，以方便样式设计。

9.2　CSS 定 位

CSS 定位包括相对定位和绝对定位，使用 CSS 定位可以减轻页面加载负担，提升响应速度。本节将详细介绍 CSS 定位方面的知识。

9.2.1　盒子模型

CSS 假定所有的 HTML 文档元素都生成了一个描述该元素在 HTML 文档布局中所占空间的矩形元素框(element box)，可以形象地将其看作是一个盒子。CSS 围绕这些盒子产生了一种"盒子模型"概念，通过定义一系列与盒子相关的属性，可以极大地丰富和促进各个盒子乃至整个 HTML 文档的表现效果和布局结构。

　　HTML 文档中的每个盒子都可以看成是由从内到外的四个部分构成，即内容区、填充、边框和空白边，如图 9-1 所示。

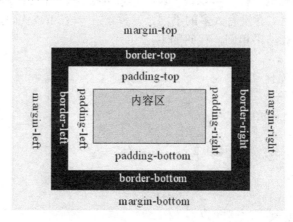

图 9-1

　　内容区是盒子模型的中心，呈现了盒子的主要信息内容，这些内容可以是文本、图片等多种类型。内容区是盒子模型必备的组成部分，其他的三部分都是可选的。内容区有三个属性：width、height 和 overflow。使用 width 和 height 属性可以指定盒子内容区的高度和宽度，其值可以是长度计量值或者百分比值。在 CSS 中表示空间距离主要有两种方式：一种是百分比，另一种是长度计量单位。

　　填充是内容区和边框之间的空间，可以被看作是内容区的背景区域。填充的属性有五种，即 padding-top、padding-bottom、padding-left、padding-right 以及综合了以上四种方向的快捷填充属性 padding。使用这五种属性可以指定内容区信息内容与各方向边框间的距离，其属性值类型同 width 和 height。

　　边框是环绕内容区和填充的边界。边框的属性有 border-style、border-width 和 border-color 以及综合了以上三类属性的快捷边框属性 border。边框样式属性 border-style 是边框最重要的属性。根据 CSS 规范，如果没有指定边框样式，则其他的边框属性都会被忽略，边框将不存在。

　　空白边位于盒子的最外围，不是一条边线而是添加在边框外面的空间。空白边使元素盒子之间不必紧凑地连接在一起，是 CSS 布局的一个重要手段。空白边的属性有五种，即 margin-top、margin-bottom、margin- left、margin-right 以及综合了以上四种方向的快捷空白边属性 margin，其具体的设置和使用与填充属性类似。

　　以上就是对盒子模型四个组成部分的简要介绍，利用盒子模型的相关属性可以使 HTML 文档内容的表现效果变得越发丰富，而不再像只使用 HTML 标记那样单调乏味。

9.2.2　position 定位

　　在 CSS 布局中，position 发挥着非常重要的作用，很多容器的定位是用 position 来完成的。另外，CSS 中的 position 属性有四个可选值，分别是 static(无定位)、absolute(绝对定位)、

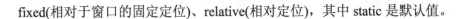
fixed(相对于窗口的固定定位)、relative(相对定位)，其中 static 是默认值。

1. static

static 属性值是所有元素定位的默认情况，在一般情况下，不需要特别的声明，但有时候遇到继承的情况，可以用 position:static 取消继承，即还原元素定位的默认值。例如：

```
#nav{position:static;}
```

2. absolute

使用 position:absolute，能够很准确地将元素移动到想要的位置。例如，将 nav 移动到页面的右上角，代码如下：

```
nav{position:absolute;top:0;right:0;width:200px;}
```

使用绝对定位的nav层前面的或者后面的层会认为这个层并不存在,也就是在z方向上,是相对独立出来的，丝毫不影响到其他 z 方向的层。所以 position:absolute 用于将一个元素放到固定的位置上，但是如果需要层相对于附近的层来确定位置便不可行。

3. fixed

fixed 表示当前页面滚动时，元素保持在浏览器视图区内，其定位方式行为类似于 absolute。

4. relative

relative 表示采用相对定位对象不可层叠，但将依据 top、bottom、left、right 等属性设置在页面中的偏移位置。

简单举例说明，如果要让 nav 层向下移动 20px，左移 40px，其代码如下：

```
#nav{position:relative;top:50px;left:50px;}
```

但值得注意的是，相对定位紧随层 woaicss 不会出现在 nav 的下方，而是和 nav 发生一定的重叠。代码如下：

```
 <!DOCTYPEhtmlPUBLIC"-//W3C//DTDXHTML1.0Strict//EN"
"http://www.w3.org/TR/xhtml1/DTD/xhtml1-strict.dtd">
<htmlxmlnshtmlxmlns="http://www.w3.org/1999/xhtml">
<head>
<metahttp-equivmetahttp-equiv="Content-Type"
content="text/html;charset=utf-8"/>
<title>www.52css.com</title>
<styletypestyletype="text/css">
<!--
#nav{
width:200px;
height:200px;
position:relative;
top:50px;
left:50px;
background:#ccc;  }
#woaicss{
width:200px;
height:200px;
```

```
background:#c00; }
</style>
</head>
<body>
<dividdivid="nav"></div>
<dividdivid="woaicss"></div>
</body>
</html>
```

从上面的代码可以看出，nav 已经相对于原来的位置移走，向右、向左各移了 50px。但另一个容器 woaicss 什么也没有察觉，当作 nav 是在原来的位置上紧跟在 nav 的后面。

9.2.3 float 定位

float 是 CSS 的定位属性。在网页设计中，应用了 CSS 的 float 属性的页面元素就像在印刷布局里面的被文字包围的图片一样，浮动的元素仍然是网页流的一部分，float 浮动属性是元素定位中非常重要的属性，常常通过对 Div 元素应用 float 浮动来进行定位。

其语法如下：

```
#sidebar { float: right; }
```

float 属性有四个可用的值：left 和 right 分别浮动元素到各自的方向；none (默认的)使元素不浮动；inherit 将会从父级元素获取 float 值。

除了简单地在图片周围包围文字，浮动可用于创建全部网页布局。float 对小型的布局同样有用，当调整图片大小的时候，盒子里面的文字也将自动调整位置。

同样的布局可以通过在外容器使用相对定位，然后在头像上使用绝对定位来实现。这种方式中，文本不会受头像图片大小的影响，不会随头像图片大小的变化而有相应变化。

在 CSS 中，任何元素都可以是浮动的。

9.3 Div 布 局

Div 是 HTML 中的标签，也称为层，用 Div 布局也说成用层布局，Div 标签是用来布局的，结合层叠样式层可以设计出完美的网页。本节将详细介绍 Div 布局方面的知识。

9.3.1 使用 Div 对页面进行整体规划

使用 Div 可以将页面首先在整体上进行<div>标记的分块，然后对各个块进行 CSS 定位，最后再在各个块中添加相应的内容。页面大致由 container、banner、content、links 和 footer 几个部分组成，如图 9-2 所示。

页面中的 HTML 框架代码如下：

```
<div id="container"></div>
<div id="banner"></div>
<div id="content"></div>
<div id="links"></div>
```

```
<div id="footer"></div>
</div>
```

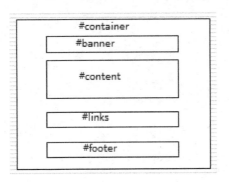

图 9-2

　　这是一个结构，在实例中每一个版块都是一个<div>，id 表示各个版块，页面中所有的 Div 块都属于 container，对于每个 Div 块，还可以加入各种元素或行内元素，也可以嵌套在另一个 Div 中，内容块可以包含任意的 HTML 元素，如标题、段落、图片、表格等。

9.3.2　设计各块的位置

　　当页面的内容已经确定后，则需要根据内容本身来考虑整体的页面版型，如单栏、双栏或左中右等，如图 9-3 所示。

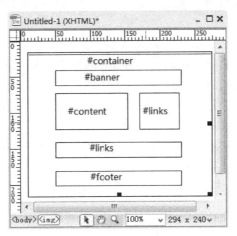

图 9-3

　　图 9-3 中，在页面外部有一个 container，页面的 banner 在最上方，然后是内容 content 与导航条 links，二者在页面中部，其中 content 占据整个页面的主体，最下方是页面脚注 footer，用于显示版权信息和注册日期等。

9.3.3　使用 CSS 定位

　　在制作页面的最后，用户可以使用 CSS 定位，对页面的整体进行规划，并在各个版块中添加相应的内容。下面详细介绍使用 CSS 定位的操作方法，其代码如下：

```
body{
    margin:0px;
    font-size:13px;
    font-family:Arial;
}
#container{
    position:relative;
    width:100%;
}
#banner{/*根据实际需要可调整。如果此处是图片，不用设置高度*/
    height:80px;
    border:1px solid #000000;
    text-align:center;
    background-color:#a2d9ff;
    padding:10px;
    margin-bottom:2px;
```

利用 float 浮动方法将#content 移动到页面左侧，将#links 移动到页面右侧，不指定#content 的宽度，可根据浏览器的变化进行调整，但#links 作为导航条指定其宽度为 200px，代码如下：

```
#content{
    float:left; }
#links{
    float:right;
    width:200px;
    text-align:center;
}
```

如果#links 的内容比#content 的长，在 IE 浏览器中，#footer 就会贴在#content 下方而与#link 出现重合，此时，需要对块做调整，将#content 与#links 都设置为左浮动，然后再微调其之间的距离，如果#links 在#content 的左侧，则将二者都设置为右浮动。

对于固定宽度的页面，这种情况非常容易解决，只需要指定#content 的宽度，然后二者同时向左或者向右浮动，代码如下：

```
#content{
    float:left;
    padding-right:200px;
    width:600px; }
```

9.4 CSS 布局方式

在 Dreamweaver CS6 中，CSS 布局方式一般包括居中版式布局和浮动版式布局两种。本节将详细介绍 CSS 布局方式方面的知识。

9.4.1 居中版式布局

居中的设计只占屏幕的一部分，而不是横跨屏幕的整个宽度，这样就会创建比较短的

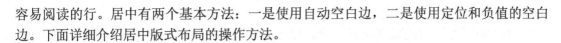

容易阅读的行。居中有两个基本方法：一是使用自动空白边，二是使用定位和负值的空白边。下面详细介绍居中版式布局的操作方法。

1．使用自动空白边

在 Dreamweaver CS6 中，有一个典型的布局，可以让其中的容器 div 在屏幕上水平居中，其代码如下：

```
<body>
    <div id="wrapper">
</div>
</body>
```

为此，用户只需定义容器 div 的宽度，然后将水平空白边设置为 auto，代码如下：

```
#wrapper {
width: 720px;
    margion: 0 auto;
}
```

这个示例中以像素为单位指定容器 div 的宽度，适合 800×600 分辨率的屏幕。但是，也可以将宽度设置为主体的百分数，或者使用 em 相对于文本字号设置宽度。

在所有现代浏览器中都是有效的，但是，怪异模式中的 IE5x 和 IE6 不支持自动空白边，IE 将 text-align:center 误解为让所有东西居中，而不只是文本。可根据这一点，让主体标签中的所有东西居中，包括容器 div，然后将容器的内容重新对准左边，代码如下：

```
body {
text-align: center;
    }
#wrapper {
width: 720px;
margin: 0 auto;
text-align: left;
    }
```

以这种方式使用 text-align 属性是可行的，对代码没有严重的影响，容器现在在 IE 以及比较符合标准的浏览器中都会居中。

为了防止这种浏览器窗口的宽度减少到小于容器的宽度，需要将主体元素的最小宽度设置为等于或略大于容器元素的宽度，代码如下：

```
body {
    text-align: center;
    min-width: 760px;
}
#wrapper {
    width: 720px;
margin: 0 auto;
text-align: left;
    }
```

2．使用定位和负值的空白边

使用自动空白边进行居中的方法是最常用的，但是，还需要一种方法来满足 IE5x 的要求，即对两个元素而不只是一个元素应用样式。因此，可以使用定位和负值的空白边米实

现居中版式布局。

与前面一样，首先定义容器的宽度。然后将容器的 position 属性设置为 relative，将 left 属性设置为 50%，这样会把容器的左边缘定位在页面的中间，代码如下：

```
#wrapper
{
    width: 720px;
    position: relative;
    left: 50%;
}
```

如果并不希望让容器的左边缘居中，而是希望让容器的中间居中，可以对容器的左边应用一个负值的空白边，宽度等于容器宽度的一半。把容器向左边移动到宽度的一半，从而使其在屏幕上居中，代码如下：

```
#wrapper
{
    width: 720px;
    position: relative;
left: 50%;
    margin-left: -360px;
}
```

9.4.2　浮动版式布局

在 Dreamweaver CS6 中，使用浮动布局设计也是必不可少的，浮动布局利用 float(浮动)属性来并排定位元素。下面详细介绍浮动版式布局操作方法。

1. 一列固定宽度布局

一列固定宽度布局是最简单的布局形式，其中宽度的布局是固定的，因此，可直接设置宽度属性 width: 300px；高度属性 height: 200px，XHTML 代码如下：

```
<!DOCTYPE    html    PUBLIC    "-//W3C//DTD    XHTML    1.0    Transitional//EN"
"http://www.w3.org/TR/xhtml1/DTD/xhtml1-transitional.dtd">
<html xmlns="http://www.w3.org/1999/xhtml">
<head>
<meta http-equiv="Content-Type" content="text/html; charset=gb2312" />
<title>一列固定宽度——文杰书院</title>
<style type="text/css">
<!--
#layout {
border: 2px solid #A9C9E2;
background-color: #E8F5FE;
height: 200px;
width: 300px;
}
-->
</style>
</head>
<body>
<div id="layout">一列固定宽度</div>
</body>
</html>
```

此时，在浏览器中即可浏览到固定的宽度，无论怎么改变浏览器窗口的大小，div 的宽度都不会改变，如图 9-4 所示。

图 9-4

2. 二列固定宽度布局

有了一列固定宽度布局作为基础，二列固定宽度布局就非常简单，XHTML 代码如下：

```
<div id="left">左列</div>
<div id="right">右列</div>
```

在此代码结构中，一共使用了两个 id，分别为 left 和 right，用来表示两个 div 的名称。

首先设置宽度，然后让两个 div 在水平行中并排显示，从而形成二列式的布局，CSS 代码如下：

```
<!DOCTYPE  html  PUBLIC  "-//W3C//DTD  XHTML  1.0  Transitional//EN"
"http://www.w3.org/TR/xhtml1/DTD/xhtml1-transitional.dtd">
<html xmlns="http://www.w3.org/1999/xhtml" xml:lang="cn" lang="cn">
<head>
<meta http-equiv="Content-Type" content="text/html; charset=gb2312" />
<title>二列固定宽度——文杰书院</title>
<style type="text/css">
<!--
#left {
 background-color: #E8F5FE;
 border: 1px solid #A9C9E2;
 float: left;
 height: 300px;
 width: 200px;
}
#right {
 background-color: #F2FDDB;
 border: 1px solid #A5CF3D;
 float: left;
 height: 300px;
 width: 200px;
}
-->
</style>
</head>
```

```
<body>
<div id="left">左列</div>
<div id="right">右列</div>
</body>
</html>
```

为了实现二列式布局，使用了 float 属性，这样二列固定宽度的布局就能够完整地显示出来，其预览效果如图 9-5 所示。

图 9-5

3. 二列固定宽度居中布局

二列固定宽度居中布局可以使用 div 的嵌套式设计来完成。使用一个居中的 div 作为容器，将二列分栏的两个 div 放置在容器中，从而实现二列的居中显示。结合上面的代码，新的 XHTML 代码如下：

```
<!DOCTYPE  html  PUBLIC  "-//W3C//DTD  XHTML  1.0  Transitional//EN"
"http://www.w3.org/TR/xhtml1/DTD/xhtml1-transitional.dtd">
<html xmlns="http://www.w3.org/1999/xhtml">
<head>
<meta http-equiv="Content-Type" content="text/html; charset=gb2312" />
<title>二列固定宽度居中——文杰书院</title>
<style type="text/css">
<!--
#layout {
width: 404px;
margin-top: 0px;
margin-right: auto;
margin-bottom: 0px;
margin-left: auto;
}
#left {
background-color: #E8F5FE;
border: 1px solid #A9C9E2;
float: left;
height: 300px;
width: 200px;
}
#right {
background-color: #F2FDDB;
border: 1px solid #A5CF3D;
float: left;
```

```
height: 300px;
width: 200px;
}
-->
</style>
</head>
<body>
<div id="layout">
<div id="left">左列</div>
<div id="right">右列</div>
</div>
</body>
</html>
```

此时，页面中的内容为居中显示，效果如图 9-6 所示。

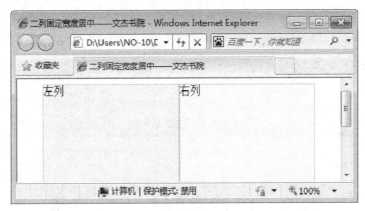

图 9-6

4．二列宽度自适应布局

自适应布局主要通过宽度的百分比值进行设置，在下面的代码中，左栏宽度设置为总宽度的 30%，右栏宽度设置为总宽度的 60%，看上去像一个左侧为导航、右侧为内容的常见网页形式，XHTML 代码如下：

```
<!DOCTYPE    html    PUBLIC    "-//W3C//DTD    XHTML    1.0    Transitional//EN"
"http://www.w3.org/TR/xhtml1/DTD/xhtml1-transitional.dtd">
<html xmlns="http://www.w3.org/1999/xhtml">
<head>
<meta http-equiv="Content-Type" content="text/html; charset=gb2312" />
<title>二列宽度自适应——文杰书院</title>
<style type="text/css">
<!--
#left {
background-color: #E8F5FE;
border: 1px solid #A9C9E2;
float: left;
height: 300px;
width: 30%;
}
#right {
background-color: #F2FDDB;
border: 1px solid #A5CF3D;
float: left;
```

```
height: 300px;
width: 60%;
}
-->
</style>
</head>
<body>
<div id="left">左列——(文杰书院)</div>
<div id="right">右列——二列宽度自适应(文杰书院)</div>
</body>
</html>
```

二列宽度自适应布局效果如图 9-7 所示。

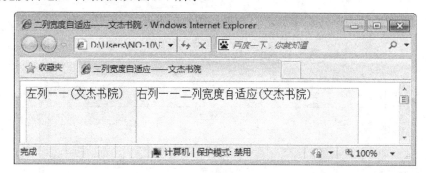

图 9-7

9.5 实践案例与上机指导

通过本章的学习,读者可以掌握应用 CSS+Div 灵活布局网页方面的知识。下面通过练习操作,达到巩固学习、拓展提高的目的。

9.5.1 三列浮动中间列宽度自适应布局

三列浮动中间列宽度自适应布局,是左栏固定宽度居左显示,右栏固定宽度居右显示,而中间栏需要在左栏和右栏的中间显示,XHTML 代码如下:

```
<!DOCTYPE html PUBLIC "-//W3C//DTD XHTML 1.0 Transitional//EN"
"http://www.w3.org/TR/xhtml1/DTD/xhtml1-transitional.dtd">
<html xmlns="http://www.w3.org/1999/xhtml">
<head>
<meta http-equiv="Content-Type" content="text/html; charset=gb2312" />
<title>三列左右固定宽度中间自适应——文杰书院</title>
<style>
body{
margin:0px;
}
#left {
background-color: #E8F5FE;
border: 1px solid #A9C9E2;
height: 400px;
width: 200px;
```

```
position: absolute;
top: 0px;
left: 0px;
}
#center {
background-color: #F2FDDB;
border: 1px solid #A5CF3D;
height: 400px;
margin-right: 202px;
margin-left: 202px;
}
#right {
background-color: #FFE7F4;
border: 1px solid #F9B3D5;
height: 400px;
width: 200px;
position: absolute;
top: 0px;
right: 0px;
}
</style>
</head>
<body>
<div id="left">左列</div>
<div id="center">中列——文杰书院</div>
<div id="right">右列</div>
</body>
</html>
```

三列浮动中间列宽度自适应布局效果如图 9-8 所示。

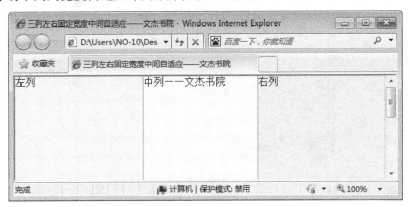

图 9-8

三列自适应布局目前在博客设计方面应用较多，一般大型的网站设计很少使用三列自适应布局。

9.5.2　一列自适应宽度布局

自适应布局是网页设计中常见的布局形式，自适应的布局能够根据浏览器窗口的大小，自动改变其宽度和高度值，是一种非常灵活的布局形式。一列自适应宽度布局的 XHTML 代码如下：

```
<!DOCTYPE html PUBLIC "-//W3C//DTD XHTML 1.0 Transitional//EN"
"http://www.w3.org/TR/xhtml1/DTD/xhtml1-transitional.dtd">
<html xmlns="http://www.w3.org/1999/xhtml">
<head>
<meta http-equiv="Content-Type" content="text/html; charset=gb2312" />
<title>文杰书院_一列自适应宽度</title>
<style type="text/css">
<!--
#layout {
border: 2px solid #A9C9E2;
background-color: #E8F5FE;
height: 200px;
width: 80%;
}
-->
</style>
</head>
<body>
<div id="layout">一列自适应宽度</div>
</body>
</html>
```

这里将宽度由一列固定宽度的 300px 改为浏览器宽度的 80%，自适应布局的优势就是当扩大或缩小浏览器窗口大小时，其列宽还将维持与浏览器当前宽度的比例，效果如图 9-9 所示。

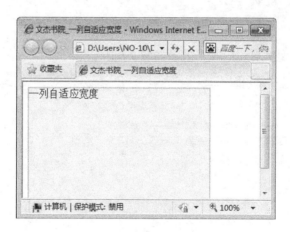

图 9-9

9.6 思考与练习

一、填空题

1. Div 的全称是_____，译为"区分"，称为区隔标记。其作用是设定文字、图片、_____等的摆放位置。当使用_____布局时，主要把其用在_____标签上。

2. <div>与<span>的区别在于：<div>是一个_____元素，包围的元素会_____换行；而<span>仅仅是一个_____元素，在_____不会换行。

3. HTML 文档中的每个_____都可以看成是由从内到外的四个部分构成，即

_____、填充、_____和空白边。

4.　使用 Div 可以将页面首先在整体上进行<div>标记的_____，然后对各个块进行_____定位，最后再在各个块中添加相应的内容。页面大致由 banner、_____、links 和_____几个部分组成。

二、判断题

1.　在制作页面的最后，用户不可以使用 CSS 定位，对页面的整体进行规划。　（　　）

2.　float 浮动属性是元素定位中非常重要的属性，常常通过对 Div 元素应用 float 浮动来进行定位。　（　　）

3.　二列固定宽度居中布局可以使用 div 的嵌套式设计来完成。使用一个居中的 div 作为容器，将二列分栏的两个 body 放置在容器中，从而实现二列的居中显示。　（　　）

4.　边框的属性有 border-style、border-width 和 border-color 以及综合了以上三类属性的快捷边框属性 border。　（　　）

三、思考题

1.　<Div>和<Span>的相同点？

2.　position 定位有哪几个可选值？

新起点

电脑教程

第 **10** 章

应用 AP Div 元素布局页面

- 设置 AP Div
- 创建 AP Div
- 应用 AP Div 的属性
- AP Div 与表格的转换

本章主要内容

　　本章主要介绍设置 AP Div 和创建 AP Div 方面的知识与技巧，同时还讲解应用 AP Div 的属性和 AP Div 与表格的转换的操作方法，在本章的最后还针对实际的工作需求，讲解使用 AP Div 制作下拉菜单和创建浮动框架的方法。通过本章的学习，读者可以掌握应用 AP Div 元素布局页面方面的知识，为深入学习 Dreamweaver CS6 知识奠定基础。

10.1 设置 AP Div

在 Dreamweaver CS6 中，AP Div 实际上就是来自 CSS 的定位技术，可以定位在页面上的任何位置，只不过 Dreamweaver 将其进行了可视化操作。本节将详细介绍设置 AP Div 方面的知识。

10.1.1 AP Div 概述

AP 元素，即绝对定位元素，是指在网页中具有绝对位置的页面元素。AP 元素中可以包含文本、图像或其他任何网页元素。

在 Dreamweaver CS6 中，默认的 AP 元素通常是指拥有绝对位置的 Div 标签和其他具有绝对位置的标签。

所有 AP 元素(不仅仅是绝对定位的 Div 标签)都将在【AP 元素】面板中显示。AP Div，又被称为层，是 HTML 网页的一种元素，可以放置在网页上的任意位置。层可以包含文本、图像或 HTML 文档中允许放入的其他元素。层是网页中的一个区域，在一个网页中可以有多个层存在，并且可以重叠。

通过 Dreamweaver CS6，可以使用 AP 元素设计页面布局。可以将 AP 元素放置到其他 AP 元素的前后，隐藏某些 AP 元素而显示其他 AP 元素，以及在屏幕上移动 AP 元素。可以在一个 AP 元素中放置背景图像，然后在该 AP 元素的前面放置另一个包含带有透明背景的文本的 AP 元素。

AP Div 主要有以下几方面的功能。

➢ AP Div 是绝对定位的，游离在文档之上，可以浮动定位网页元素。
➢ AP Div 的 Z 轴属性可以使多个 AP Div 进行重叠，产生多重叠加的效果。
➢ AP Div 的显示和隐藏可以控制，从而使网页的内容变得更加丰富多彩。

10.1.2 AP Div 和 Div 的区别

插入 Div 是在当前位置插入固定层，绘制 AP Div 是在当前位置插入可移动层，也就是说这个层是浮动的，可以根据它的 top 和 left 属性来规定这个层的显示位置。

AP Div 是 CSS 中的定位技术，在 Dreamweaver 中将其进行了可视化操作。文本、图像、表格等元素原本只能固定位置，不能互相叠加在一起，但使用 AP Div 功能后，便可以将它们放置在网页中的任何位置，还可以按顺序排放网页文档中的其他构成元素，体现了网页技术从二维空间向三维空间的一种延伸。

Div 与 AP Div 的使用区别是：一般情况下，进行 HTML 页面布局时，都是使用 Div+CSS，而不能用 AP Div+CSS；只有在特殊情况下，如需要在 Div 中制作重叠的层(就像 PS 的图层)时，才会用到 AP Div 元素。

10.1.3　【AP 元素】面板简介

使用【AP 元素】面板可以管理文档中的 AP 元素，同时可以防止 AP 元素重叠，更改 AP 元素的可见性，嵌套或堆叠 AP 元素，以及选择一个或多个 AP 元素。

在【AP 元素】面板中，AP 元素将按照 Z 轴的顺序显示为一列名称。默认情况下，第一个创建的 AP 元素显示在列表底部，最新创建的 AP 元素显示在列表顶部。可以通过更改 AP 元素在堆叠顺序中的位置来更改其显示顺序。

选择【窗口】→【AP 元素】命令，即可打开【AP 元素】面板，如图 10-1 所示。

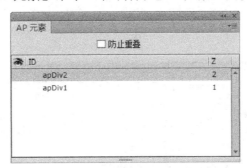

图 10-1

10.2　创建 AP Div

AP Div 就像一个大容器，可将页面中的各个元素都包含在其中，并对页面的各个元素进行相关的控制。本节将详细介绍创建 AP Div 方面的知识。

10.2.1　使用菜单创建普通 AP Div

在 Dreamweaver CS6 中，用户可以通过两种方法创建普通 AP Div：第一种方法是通过菜单创建；第二种方法是通过【插入】栏创建。下面详细介绍使用菜单创建普通 AP Div 的方法。

第 1 步　新建 HTML 文件，选择【插入】→【布局对象】→AP Div 命令，如图 10-2 所示。

第 2 步　此时，在编辑窗口中可以看到一个方形的框，如图 10-3 所示，这样即可完成创建普通 AP Div 的操作。

知识精讲

在【布局】插入栏中，单击【绘制 AP Div】按钮，然后在文档窗口中，按住鼠标左键并进行拖动，即可绘制一个 AP Div。

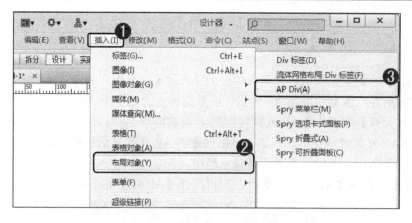

图 10-2

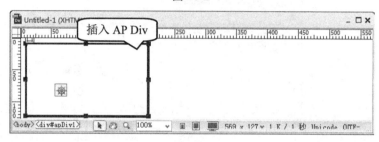

图 10-3

10.2.2 创建嵌套 AP Div

在 Dreamweaver CS6 中，嵌套 AP Div 就是指在已有的 AP Div 中再绘制一个 AP Div，通常称为父级和子级。

在创建嵌套 AP Div 之间，需要确保在【AP 元素】面板中取消选中【防止重叠】复选框。

创建嵌套 AP Div 的操作方法如下：将鼠标光标放置于文档窗口中的 AP Div 中，选择【插入】→【布局对象】→AP Div 命令，即可完成创建嵌套 AP Div 的操作，如图 10-4 所示。

此时，在【AP 元素】面板中，显示出了 AP Div 父级和子级的关系，如图 10-5 所示。

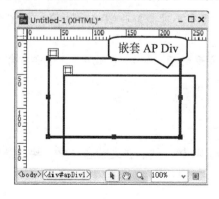

图 10-4

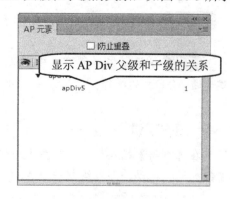

图 10-5

智慧锦囊

　　要解除嵌套关系，只要在【AP 元素】面板中将嵌套关系的子级拖至父级的上方即可。但必须注意的是，只有嵌套关系的子层会随母层的某些属性的改变而改变，如移动母层时，子层会同时移动，但母层不会因子层的改变而改变。嵌套关系之外的各层之间相互独立，互不影响，但层与层之间的先后顺序是可调的。

10.3　应用 AP Div 的属性

　　创建 AP Div 后，用户即可在【属性】面板中设置 AP Div 属性，其中包括改变 AP Div 的堆叠顺序、为 AP Div 添加滚动条、改变 AP Div 的可见性和设置 AP Div 的显示/隐藏属性等。本节将详细介绍应用 AP Div 的属性方面的知识。

10.3.1　改变 AP Div 的堆叠顺序

　　改变 AP Div 的堆叠顺序，也就是调整索引值的大小，使需要显示的内容完整显示出来。改变 AP Div 的堆叠顺序的操作方法如下：在文档窗口中，选中 AP 元素，在【属性】面板上的【Z 轴】文本框中，输入数字，数值较大的会显示在上层，如图 10-6 所示。

图 10-6

10.3.2　为 AP Div 添加滚动条

　　AP Div【属性】面板中的【溢出】下拉列表框，用于控制当 AP Div 的内容超过 AP Div 的指定大小时，如何在浏览器中显示 AP 元素，如图 10-7 所示。

图 10-7

在 AP Div 的【属性】面板中，用户可以进行以下设置。

➤ 【左】文本框：用于设置 AP Div 的左边界距离浏览器窗口左边界的距离。

➤ 【上】文本框：用于设置 AP Div 的上边界距离浏览器窗口上边界的距离。

➤ 【宽】文本框：用于设置 AP Div 的宽。

➤ 【高】文本框：用于设置 AP Div 的高。

➤ 【Z 轴】文本框：用于设置 AP Div 的堆叠顺序。

➤ 【背景图像】文本框：用于设置 AP Div 的背景图。

➤ 【可见性】下拉列表框：用于设置 AP Div 的显示状态，包括 default、inherit、visible 和 hidden 四个选项。

➤ 【背景颜色】按钮：用于设置 AP Div 的背景颜色。

➤ 【剪辑】选项组：用于指定 AP Div 的哪一部分是可见的。

➤ 【溢出】下拉列表框：用于指定当 AP Div 中的文字太多或图像太大，AP Div 的大小不足以全部显示时的处理方式。包括以下选项：visible(可见)，指示在 AP 元素中显示额外的内容，实际上，AP 元素会通过延伸来容纳额外的内容；hidden(隐藏)，指定不在浏览器中显示额外的内容；scroll(滚动条)，指定浏览器应在 AP 元素上添加滚动条，而不管是否需要滚动条；auto(自动)，指定只有当 AP Div 中的内容超出 AP Div 范围时，才显示 AP 元素的滚动条。

➤ 【类】选项组：用于选择 CSS 样式定义 AP Div。

10.3.3　改变 AP Div 的可见性

AP Div【属性】面板中的【可见性】下拉列表框，可用于改变 AP Div 的可见性，如图 10-8 所示。

图 10-8

在【可见性】下拉列表框中包含以下选项。

➤ default(默认)：大部分浏览器解释为 inherit，是浏览器的默认设置。

➤ inherit(继承)：其父级的可见性。

➤ visible (可见)：选择该选项，则无论父级 AP Div 是否可见，当前的 AP Div 都可见。

➤ hidden(不可见)：选择该选项，则无论父级 AP Div 是否可见，当前 AP Div 都隐藏。

10.3.4　设置 AP Div 的显示/隐藏属性

利用【AP 元素】面板，用户可以设置 AP 元素的显示/隐藏属性。下面详细介绍设置 AP Div 的显示/隐藏属性的操作方法。

第1步　打开【AP元素】面板，①单击【眼睛】图标 ；②在列表框中创建【眼睛】图标 后，单击【眼睛】图标，如图 10-9 所示。

第2步　当【眼睛】图标变为 时，用户可以隐藏 AP Div，如图 10-10 所示。

图 10-9　　　　　　　　　　　　　　图 10-10

第3步　再次单击【眼睛】图标 ，使其变为 ，即可再次显示 AP Div，如图 10-11 所示。

图 10-11

10.4　AP Div 与表格的转换

通过 AP Div 与表格的相互转换，可以调整布局并优化网页设计。对于不支持 AP Div 的浏览器，可以将 AP Div 转换为表格。本节将详细介绍 AP Div 与表格转换方面的知识。

10.4.1　把 AP Div 转换为表格

可以使用 AP Div 创建布局，然后将 AP Div 转换为表格，在转换为表格之前，应确保 AP Div 没有重叠。下面详细介绍把 AP Div 转换为表格的操作方法。

第1步　在文档中插入 AP Div 并添加图像内容，如图 10-12 所示。

第2步　在菜单栏中，①选择【修改】菜单；②在弹出的下拉菜单中，选择【转换】命令；③在弹出的子菜单中，选择【将 AP Div 转换为表格】命令，如图 10-13 所示。

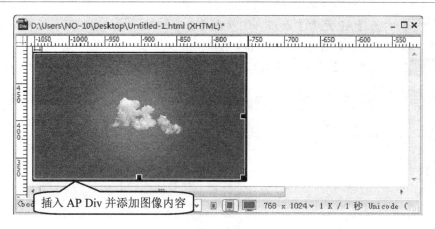

图 10-12

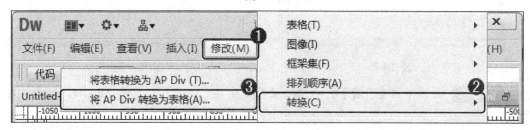

图 10-13

第3步 弹出【将 AP Div 转换为表格】对话框，①对参数进行设置；②单击【确定】
按钮，如图 10-14 所示。

第4步 此时，在页面中可以看到 AP Div 已经转换为表格，如图 10-15 所示。

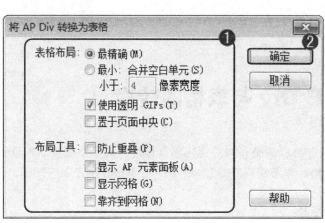

图 10-14

图 10-15

10.4.2 把表格转换为 AP Div

在 Dreamweaver CS6 中，用户还可以把表格转换为 AP Div。下面详细介绍把表格转换
为 AP Div 的操作方法。

第1步　在文档中创建表格，然后在表格中添加准备使用的图像，如图 10-16 所示。

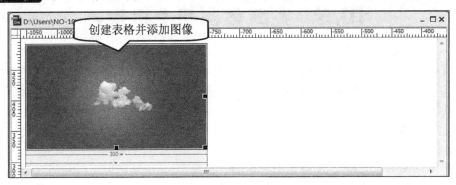

图 10-16

第2步　在菜单栏中，①选择【修改】菜单；②在弹出的下拉菜单中，选择【转换】命令；③在弹出的子菜单中，选择【将表格转换为 AP Div】命令，如图 10-17 所示。

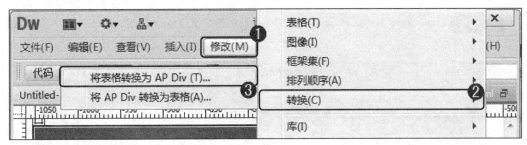

图 10-17

第3步　弹出【将表格转换为 AP Div】对话框，①对参数进行设置；②单击【确定】按钮，如图 10-18 所示。

第4步　此时，在页面中可以看到表格已经转换为 AP Div，如图 10-19 所示。

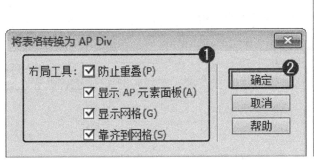

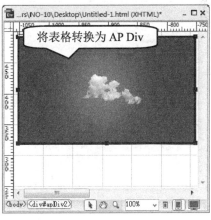

图 10-18　　　　　　　　　　图 10-19

10.5 实践案例与上机指导

通过本章的学习，读者可以掌握应用 AP Div 元素布局页面方面的知识。下面通过练习操作，达到巩固学习、拓展提高的目的。

10.5.1 使用 AP Div 制作下拉菜单

用户可以使用 AP Div 快速制作出网页的下拉菜单，从而精确地定位到网页的某个位置。下面介绍使用 AP Div 制作下拉菜单的操作方法。

 素材文件　配套素材\第 10 章\素材文件\10.5.1\index.html
　　　　　效果文件　配套素材\第 10 章\效果文件\10.5.1\index.html

第 1 步 打开素材文件，选择【插入】→【布局对象】→ AP Div 命令，插入 AP Div，如图 10-20 所示。

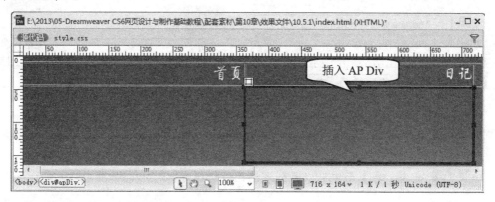

图 10-20

第 2 步 在 AP Div 的【属性】面板中，①在【左】、【上】、【宽】和【高】文本框中，输入数值；②将【背景颜色】设置为#666600，如图 10-21 所示。

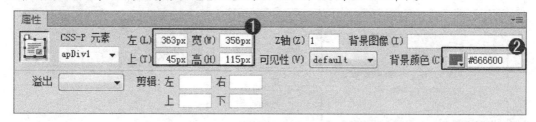

图 10-21

第 3 步 将光标放置于 AP Div 中，选择【插入】→【表格】命令，插入 4 行 1 列的表格，如图 10-22 所示。

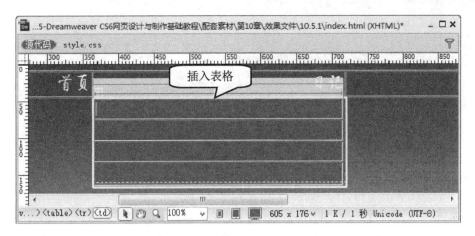

图 10-22

第4步　在表格的【属性】面板中，①将【宽】设置为 100%；②在【间距】文本框中，输入数值；③在【填充】文本框中，输入数值；④在【边框】文本框中，输入数值，如图 10-23 所示，这样即可调整表格样式。

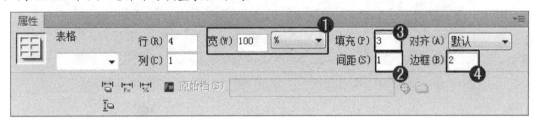

图 10-23

第5步　选择创建的表格，转入【代码】视图，输入代码 "bgcolor="#666600""，设置表格的背景颜色，如图 10-24 所示。

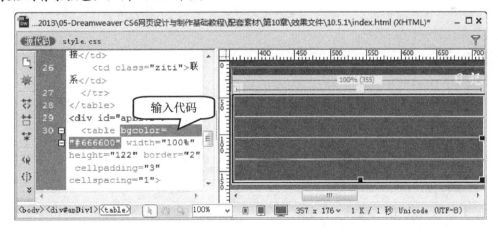

图 10-24

第6步　在创建的表格中输入文本并调整文本的大小，如图 10-25 所示。

第7步　选中编辑窗口中的"日记"文本，如图 10-26 所示。

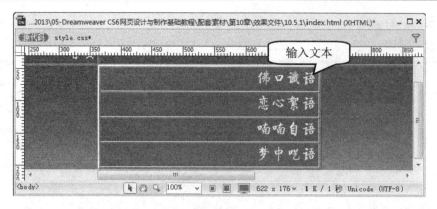

图 10-25

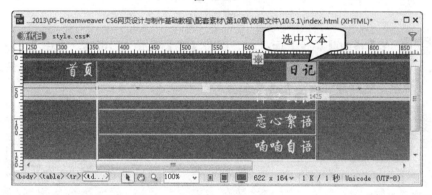

图 10-26

第8步 选择【窗口】→【行为】命令，打开【行为】面板，①在面板中单击【添加行为】按钮 **+** ；②在弹出的菜单中，选择【显示-隐藏元素】命令，如图 10-27 所示。

第9步 弹出【显示-隐藏元素】对话框，①在【元素】列表框中，选择 div "apDiv1" 选项；②单击【显示】按钮；③单击【确定】按钮，如图 10-28 所示。

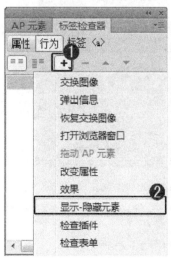

图 10-27

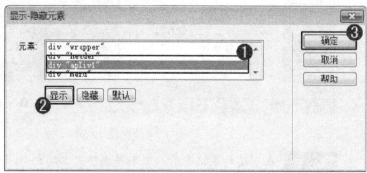

图 10-28

第10步 返回到【行为】面板中，将事件设置为 onMouseOver，如图 10-29 所示。

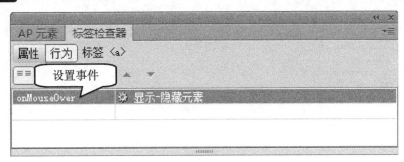

图 10-29

第11步 在【行为】面板中，①单击【行为】按钮 ➕；②在弹出的菜单中，选择【显示-隐藏元素】命令，如图 10-30 所示。

第12步 弹出【显示-隐藏元素】对话框，①在【元素】列表框中，选择 div "apDiv1" 选项；②单击【隐藏】按钮；③单击【确定】按钮，如图 10-31 所示。

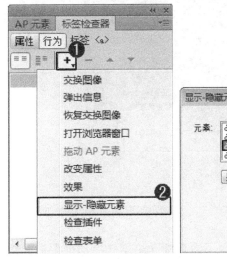

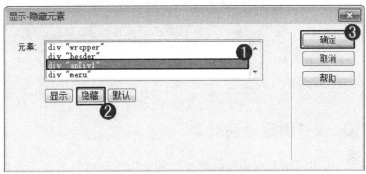

图 10-30   图 10-31

第13步 返回到【行为】面板中，将事件设置为 onMouseOut，如图 10-32 所示。

图 10-32

第14步 打开【AP 元素】面板,将面板中的 apDiv1 隐藏,如图 10-33 所示。

图 10-33

第15步 保存文档,按 F12 键,即可在浏览器中查看制作的效果,如图 10-34 所示。

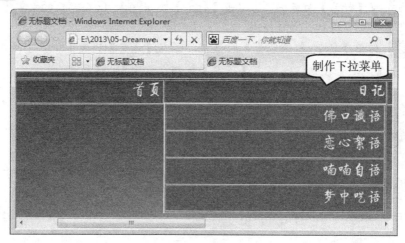

图 10-34

10.5.2 创建浮动框架

很多网站喜欢采用内置框架的结构去创建页面。下面详细介绍创建浮动框架的操作方法。

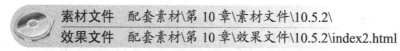

素材文件 配套素材\第 10 章\素材文件\10.5.2\
效果文件 配套素材\第 10 章\效果文件\10.5.2\index2.html

第1步 打开素材文件,如 index.html,将鼠标光标放置在准备插入浮动框架的位置,选择【插入】→【标签】命令,如图 10-35 所示。

第2步 弹出【标签选择器】对话框,①展开【HTML 标签】节点;②在展开的列表中,选择【页面元素】选项;③在右侧的列表框中,选择 iframe 选项;④单击【插入】按钮,如图 10-36 所示。

第3步 弹出【标签编辑器-iframe】对话框,①单击【源】文本框右侧的【浏览】按钮,选择准备嵌入浮动框的素材文件,如 index1.html;②在【宽度】文本框中,输入数值;③在【高度】文本框中,输入数值;④单击【确定】按钮,如图 10-37 所示。

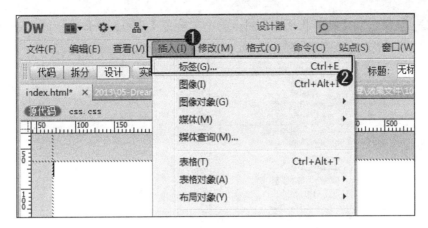

图 10-35

图 10-36

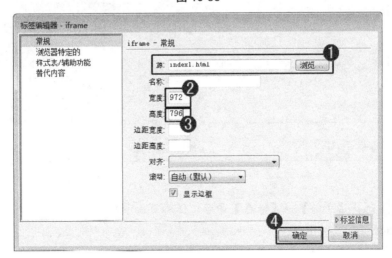

图 10-37

第4步 返回到【标签选择器】对话框中，单击【关闭】按钮，如图 10-38 所示。

图 10-38

第5步 在编辑窗口中，用户可以看到创建的嵌入式框架，如图 10-39 所示。此时，浮动框架已经基本构架成功。

图 10-39

第6步 选择【文件】→【保存】命令，保存页面，按F12 键，即可在浏览器中预览页面效果，如图 10-40 所示。

图 10-40

10.6　思考与练习

一、填空题

1. _____，即绝对定位元素，是指在网页中具有_____的页面元素。AP 元素中可以包含_____、图像或其他_____元素。

2. 使用【AP 元素】面板可以管理文档中的_____，同时，可以防止 AP 元素_____，更改 AP 元素的_____，嵌套或_____AP 元素等。

3. 默认情况下，第一个创建的 AP 元素显示在列表_____，最新创建的 AP 元素显示在列表_____。

二、判断题

1. AP Div 是 CSS 中的定位技术，在 Dreamweaver 中将其进行了可视化操作。　（　　）

2. 利用【AP 元素】面板，用户不可以设置 AP 元素的可见性。　　　　　　（　　）

3. 在 Dreamweaver CS6 中，用户不可以把表格转换为 AP Div。　　　　　（　　）

三、思考题

1. 如何使用菜单创建普通 AP Div？

2. 如何设置 AP Div 的显示/隐藏属性？

新起点

电脑教程

第11章

应用框架布局网页

本章要点

- 框架概述
- 框架与框架集
- 选择框架或框架集
- 框架或框架集属性的设置
- 应用 IFrame 框架

本章主要内容

本章主要介绍什么是框架、框架与框架集和选择框架或框架集方面的知识与技巧，同时还讲解框架或框架集属性的设置和应用 IFrame 框架的操作方法，在本章的最后还针对实际的工作需求，讲解改变框架的背景颜色和拆分框架集的方法。通过本章的学习，读者可以掌握应用框架布局网页方面的知识，为深入学习 Dreamweaver CS6 知识奠定基础。

11.1　框　架　概　述

框架是比较常用的网页技术，使用框架技术可以将不同的网页文档在同一个浏览器窗口中显示出来。本节将详细介绍框架方面的知识。

11.1.1　框架的组成

框架页面是由一组普通的 Web 页面组成的页面集合，通常在一个框架页面集中，将一些导航性的内容放在一个页面中，而将另一些需要变化的内容放在另一个页面中。

使用框架页面的主要原因是为了使导航更加清晰，使网站的结构更加简单明了、更规格化。一个框架结构由两部分网页文件组成，即框架和框架集。

图 11-1 所示的页面是由上中下三部分组成的一个框架集。最上面的是此站点的栏目导航，点击不同的栏目，相应的栏目内容会出现在中间的框架子页面中。最下面的是此站点的一些相关信息。这样的框架组合可以保证整个站点的栏目始终都出现在浏览者的视线中，使浏览者的注意力更多地集中在框架集的中间部分，即栏目内容。

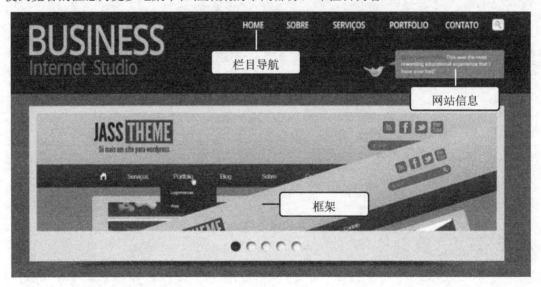

图 11-1

11.1.2　框架的优点与缺点

在使用框架结构制作网页时，会带来很大的便利，但是这种形式也有一定的弊端。下面详细介绍框架结构的优缺点。

框架结构的优点如下。

➢　使网页结构清晰，易于维护和更新。

➢　每个框架网页都具有独立的滚动条，因此访问者可以独立控制各个页面。

> 便于修改。一般情况下，每隔一段时间，网站的设计就要做一定的更改，如果是工具部分需要修改，那么，只需要修改这个公共网页，整个网站就同时进行更新。
> 访问者的浏览器不需要为每个页面重新加载与导航相关的图形，当浏览器的滚动条滚动时，这些链接不随滚动条的滚动而上下移动，而是一直固定在某个窗口，便于访问者能随时跳转到另一个页面。

框架结构的缺点如下。

> 某些早期的浏览器不支持框架结构的网页。
> 下载框架式网页时速度慢。
> 不利于内容多、结构复杂页面的排版。
> 大多数的搜索引擎都无法识别网页中的框架，或者无法对框架中的内容进行遍历或搜索。

11.2　框架和框架集

框架是浏览器窗口中的一个区域，框架集是框架的集合，也是网页文件，定义了一组框架的布局和属性，包括在一个窗口中显示的框架数、框架的尺寸、载入到框架的网页等。本节将详细介绍框架和框架集方面的知识。

11.2.1　创建预定义的框架集

通过预定义的框架集，可以很容易地选择需要创建的框架集类型。下面详细介绍创建预定义的框架集的操作方法。

第 1 步 启动 Dreamweaver CS6，①选择【插入】菜单；②在弹出的下拉菜单中，选择 HTML 命令；③在弹出的子菜单中，选择【框架】命令；④在弹出的子菜单中，选择【右对齐】命令，如图 11-2 所示。

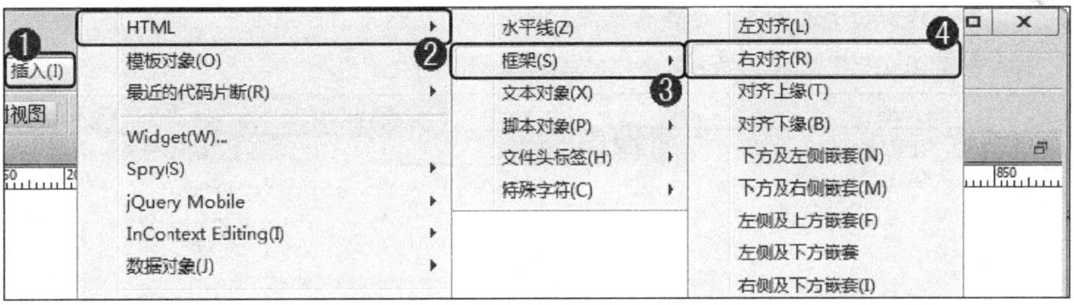

图 11-2

第 2 步 弹出【框架标签辅助功能属性】对话框，①设置【框架】及【标题】参数；②单击【确定】按钮，如图 11-3 所示。

第 3 步 通过以上方法即可完成创建框架集的操作，效果如图 11-4 所示。

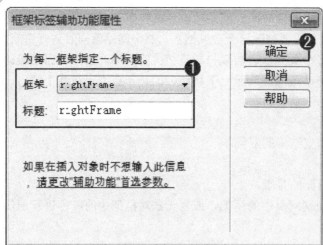

图 11-3

图 11-4

知识精讲

应用框架集时，Dreamweaver 将自动设置该框架集，以便在某一框架中显示当前文档。在弹出的【框架标签辅助功能属性】对话框中，如果单击【取消】按钮，则该框架集会出现在文档中，但不会将其与辅助功能标签或属性关联。

11.2.2 在框架中添加内容

框架创建好以后，即可在里面添加内容。每一个框架里都是一个独立的文档，可以直接添加内容，也可以在框架内打开已经存在的文档。下面详细介绍在框架中添加内容的操作方法。

第1步 新建文档后，①选择【插入】菜单；②在弹出的下拉菜单中，选择 HTML 命令；③在弹出的子菜单中，选择【框架】命令；④在弹出的子菜单中，选择【下方及左侧嵌套】命令，如图 11-5 所示。

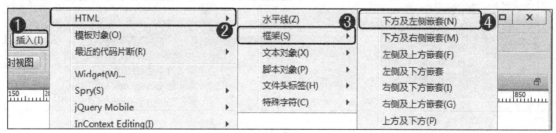

图 11-5

第2步 嵌套框架集，打开准备添加内容的文档并选择文本，按 Ctrl+C 组合键，复制文本，如图 11-6 所示。

第3步 返回到编辑窗口中，按 Ctrl+V 组合键，粘贴文本，如图 11-7 所示。

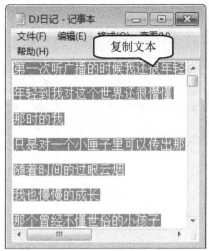
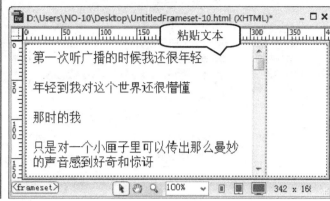

图 11-6　　　　　　　　　　　　　　图 11-7

第 4 步　保存文档，按 F12 键，在浏览器中查看网页的效果，如图 11-8 所示。

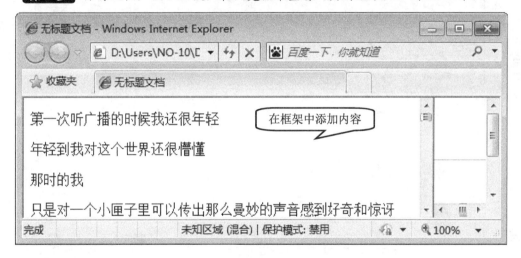

图 11-8

11.2.3　框架与框架集文件的保存

在浏览器中预览框架集前，必须保存框架集文件以及要在框架中显示的所有文档。用户可以单独保存每个框架集文件和带框架的文档，也可以同时保存框架集文件和框架中出现的所有文档。下面详细介绍保存框架和框架集文件的操作方法。

第 1 步　在文档窗口中选择框架集，①选择【文件】菜单；②在弹出的下拉菜单中，选择【框架集另存为】命令，如图 11-9 所示。

第 2 步　弹出【另存为】对话框，①在【保存在】下拉列表框中，设置框架文件存储的位置；②在【文件名】下拉列表框中，设置文件保存的名称；③单击【保存】按钮，如图 11-10 所示，这样即可完成保存框架集的操作。

 **Dreamweaver CS6 网页设计与制作基础教程**

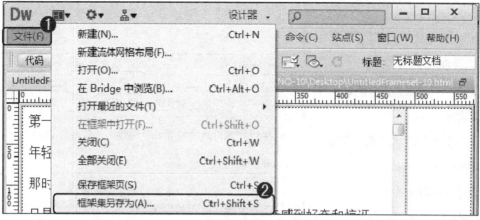

图 11-9

图 11-10

第3步 将鼠标光标放置于右侧框架中，①选择【文件】菜单；②在弹出的下拉菜单中，选择【保存框架】命令，如图 11-11 所示。

第4步 弹出【另存为】对话框，①在【保存在】下拉列表框中，设置框架文件存储的位置；②在【文件名】下拉列表框中，设置文件保存的名称；③单击【保存】按钮，如图 11-12 所示，这样即可完成保存框架的操作。

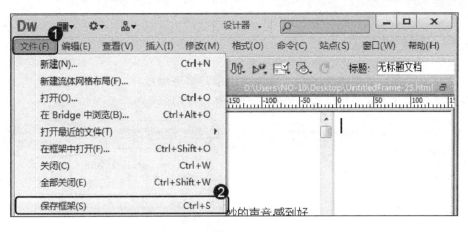

图 11-11

图 11-12

11.3 选择框架或框架集

框架创建完成后，可以对框架或框架集进行设置，在设置之前首先需要选择框架或框架集。本节将详细介绍选择框架或框架集方面的知识。

程 **Dreamweaver CS6 网页设计与制作基础教程**

11.3.1　在文档窗口中选择

在文档窗口中，框架被选择后，框架的边框将呈现虚线样式；框架集被选中后，框架集内各框架的所有边框都将呈现虚线样式，如图 11-13 所示。

图 11-13

如果需要选择不同的框架或框架集，用户可以使用以下方法。

➢ 若需要在当前内容上选择下一框架或框架集，可以在按住 Alt 键的同时，按下键盘上的方向键，这样即可选中与当前内容相邻的框架或框架集。

➢ 若需要选择父框架集，可以在按住 Alt 键的同时，按↑键，这样即可选中当前框架集的父框架集。

➢ 若需要选择子框架或框架集，可以在按住 Alt 键的同时，按↓键，这样即可选中当前框架集的第一个子框架或框架集。

11.3.2　在【框架】面板中选择

在 Dreamweaver CS6 中，用户可以在【框架】面板中选择准备使用的框架或框架集。下面介绍在【框架】面板中选择框架或框架集的操作方法。

1. 打开【框架】面板

默认情况下，【框架】面板是隐藏的。下面介绍打开【框架】面板的操作方法。

第 1 步 创建框架集后，在菜单栏中，①选择【窗口】菜单；②在弹出的下拉菜单中，选择【框架】命令，如图 11-14 所示。

第 2 步 通过以上方法即可完成打开【框架】面板的操作，效果如图 11-15 所示。

智慧锦囊

用户还可以通过按 Shift+F2 组合键来打开【框架】面板。

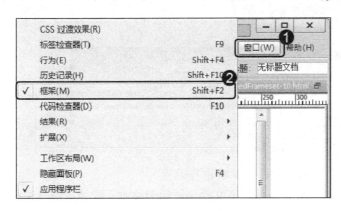

图 11-14　　　　　　　　　　　　　　　　　图 11-15

2. 在【框架】面板中选择框架或框架集

文档中的框架格式将显示在【框架】面板中，如果需要选择框架中的某个部分，用户可以将鼠标指针移动到【框架】面板中相对应的框架区域位置，单击鼠标左键，这样即可选中文档中的框架，如图 11-16 所示。

如果需要选中文档中的框架集，用户可以将鼠标指针移动到【框架】面板中的边框位置，然后单击，这样即可将当前文档中的框架全部选中，如图 11-17 所示。

图 11-16　　　　　　　　　　　　　　　　　图 11-17

11.4　框架或框架集属性的设置

在 Dreamweaver CS6 中，创建完成框架或框架集后，用户即可设置框架或框架集的属性。本节将介绍设置框架和框架集属性的方法。

11.4.1　设置框架的属性

在对框架的属性进行设置的时候，首先要先选取框架，然后在【属性】面板中进行设置，如图 11-18 所示。

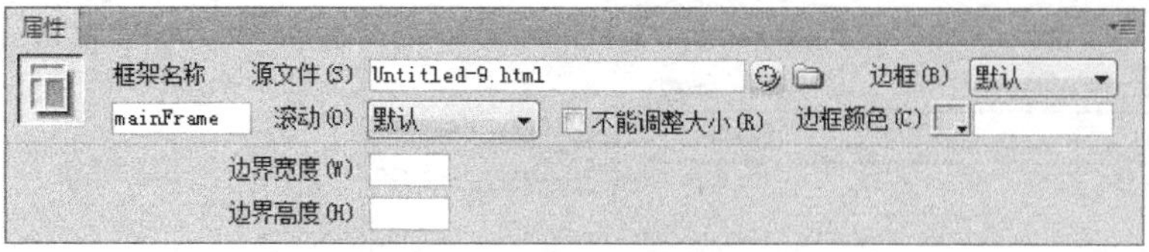

图 11-18

在框架的【属性】面板中，用户可以对以下参数进行设置。

➢ 【框架名称】文本框：用于命名当前框架文件，框架名称中不能使用特殊符号。
➢ 【边界高度】文本框：用于设置框架的高度。
➢ 【边界宽度】文本框：用于设置框架的宽度。
➢ 【源文件】文本框：单击该文本框右侧的【文件夹】按钮，可在弹出的【选择 HTML 文件】对话框中选择框架的源文件。
➢ 【滚动】下拉列表框：用于设置在框架中是否使用滚动条，其中包括【是】、【否】、【自动】和【默认】选项。
➢ 【边框】下拉列表框：用于设置在文档窗口中是否显示框架的边框，其中包括【是】、【否】和【默认】选项。
➢ 【边框颜色】按钮：用于设置框架的边框颜色。
➢ 【不能调整大小】复选框：用于指定是否重定义框架的尺寸。选中该复选框，则无法使用鼠标拖动框架的边框大小。

11.4.2 设置框架集的属性

在 Dreamweaver CS6 中，用户还可以设置框架集的属性。首先在【框架】面板中，选中框架集，此时【属性】面板中将显示框架集的属性，如图 11-19 所示。

图 11-19

在框架集的【属性】面板中，用户可以对以下参数进行设置。

➢ 【框架集】选项组：用于显示当前框架集的信息，包括行数信息和列数信息。
➢ 【边框】下拉列表框：其中包括【是】、【否】和【默认】选项。
➢ 【边框颜色】按钮：用于设置框架集的边框颜色。
➢ 【边框宽度】文本框：用于设置框架集中边框的宽度。
➢ 【列】选项组：用于设置框架集的数值和数值单位，包括【值】文本框和【单位】下拉列表框。
➢ 【框架预览】区域：用于显示当前框架集的预览图。

智慧锦囊

　　在框架集的【属性】面板中所设置的框架集的边框颜色可以取代为单个边框所指定的边框颜色,在框架集的【属性】面板中所指定的边框宽度为框架的边框宽度。

11.5　应用 IFrame 框架

　　IFrame 框架是浮动的框架,利用浮动框架可以更容易地控制网站内容。本节将详细介绍应用 IFrame 框架方面的知识。

11.5.1　制作 IFrame 框架页面

　　制作 IFrame 框架页面的方法很简单,只需要在页面中显示浮动框架的位置插入 IFrame,再添加相应的代码即可。下面详细介绍制作 IFrame 框架页面的操作方法。

素材文件　配套素材\第 11 章\素材文件\11.5.1\
效果文件　配套素材\第 11 章\效果文件\11.5.1\index2.html

第1步 打开素材文件,将鼠标光标放置在准备插入浮动框架的位置,①选择【插入】菜单;②在弹出的下拉菜单中,选择 HTML 命令;③在弹出的子菜单中,选择【框架】命令;④在弹出的子菜单中,选择 IFRAME 命令,如图 11-20 所示。

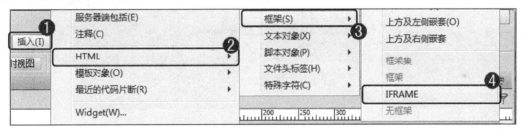

图 11-20

第2步 此时,①在页面中插入一个浮动框架;②页面会自动转换到拆分模式,在代码中生成<iframe></iframe>标签,如图 11-21 所示。

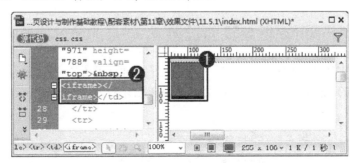

图 11-21

第3步 在【代码】视图的<iframe>标签中输入如下代码：<iframe width="976" height="792" name="main" scrolling="auto" frameborder="0" src="index1.html"></iframe>，如图 11-22 所示。

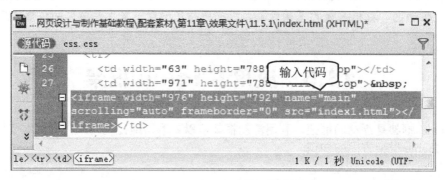

图 11-22

第4步 保存文档，按F12键，即可在浏览器中查看制作的效果，如图 11-23 所示。

图 11-23

智慧锦囊

在【代码】视图中输入代码的过程中，输入"src="代码，双击弹出的【浏览】按钮，便可在弹出的【选择文件】对话框中选择准备嵌入 IFrame 框架的素材文件。

11.5.2 制作 IFrame 框架页面链接

在网页制作中之所以使用框架，最主要还是因为框架页面独特的链接方式，因为应用框架可以在不同的框架中显示不同的页面。下面详细介绍制作 IFrame 框架页面链接的操作方法。

素材文件 配套素材\第 11 章\素材文件\
效果文件 配套素材\第 11 章\效果文件\index3.html

第1步 打开创建 IFrame 框架的素材文件，选择准备制作链接的图像，在【属性】面板中，①设置【链接】地址；②在【目标】下拉列表框中，输入文本，如图 11-24 所示。

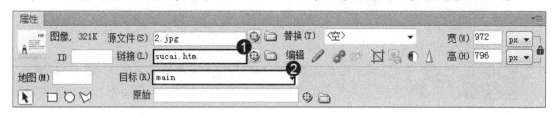

图 11-24

第2步 保存文档，按 F12 键，在弹出的浏览器中，用户可以将光标移动至设置链接的图片上并单击，如图 11-25 所示。

图 11-25

第3步 此时，框架内的图像被链接到新地址中，如图 11-26 所，这样即可完成制作 IFrame 框架页面链接的操作示。

图 11-26

11.6　实践案例与上机指导

通过本章的学习，读者可以掌握应用框架布局网页方面的知识。下面通过练习操作，达到巩固学习、拓展提高的目的。

11.6.1　改变框架的背景颜色

要改变边框中文档的背景颜色，可以改变其所在框架的背景颜色。下面详细介绍改变框架背景颜色的操作方法。

第1步　创建框架后，将鼠标光标置于需要改变背景颜色的框架中，如图 11-27 所示。

第2步　在菜单栏中，①选择【修改】菜单；②在弹出的下拉菜单中，选择【页面属性】命令，如图 11-28 所示。

图 11-27

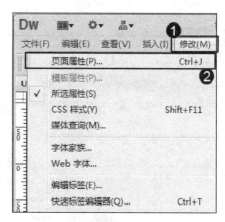

图 11-28

第3步　弹出【页面属性】对话框，在【外观】选项卡中，①在【背景颜色】文本框中，输入背景颜色值；②单击【确定】按钮，如图 11-29 所示。

图 11-29

第4步　保存页面，按 F12 键，即可在浏览器中预览页面效果，如图 11-30 所示。

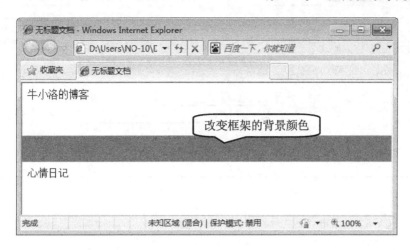

图 11-30

11.6.2　拆分框架集

创建框架集之后，用户可以对其进行拆分操作，以方便用户进行编辑。下面详细介绍拆分框架集的操作方法。

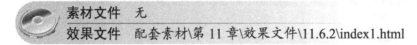

> **素材文件**　无
> **效果文件**　配套素材\第 11 章\效果文件\11.6.2\index1.html

第1步　新建 HTML 文档，①选择【插入】菜单；②在弹出的下拉菜单中，选择 HTML 命令；③在弹出的子菜单中，选择【框架】命令；④在弹出的子菜单中，选择【上方及下方】命令，如图 11-31 所示。

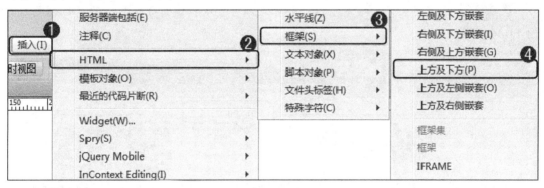

图 11-31

第2步　创建框架后，①将光标定位在准备拆分的框架内；②选择【修改】菜单；③在弹出的下拉菜单中，选择【框架集】命令；④在弹出的子菜单中，选择【拆分左框架】命令，如图 11-32 所示。

第3步　在拆分的框架中，设置准备应用的各种网页元素，如文本、图像和表格等，如图 11-33 所示。

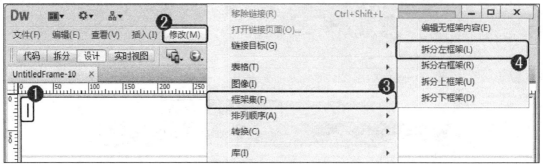

图 11-32

图 11-33

第4步 保存页面，按下 F12 键，即可在浏览器中预览拆分框架集的页面效果，如图 11-34 所示。

图 11-34

11.7　思考与练习

一、填空题

1. 使用框架页面的主要原因是为了使＿＿＿＿＿＿更加清晰，使网站的结构更加＿＿＿＿＿＿、更规格化。一个框架结构由＿＿＿＿＿＿网页文件组成，即框架和＿＿＿＿＿＿。

2. 框架是浏览器窗口中的一个＿＿＿＿＿＿，框架集是框架的＿＿＿＿＿＿，框架集也是网页文件，定义了一组框架的布局和属性，包括在一个窗口中显示的＿＿＿＿＿＿、框架的＿＿＿＿＿＿、载入到框架的网页等。

3. 在文档窗口中，框架被选择后，框架的＿＿＿＿＿＿将呈现虚线样式；框架集被选中后，框架集内各框架的＿＿＿＿＿＿即将呈现虚线样式。

二、判断题

1. 通过预定义的框架集，用户可以很容易地选择需要创建的框架集类型。　　（　　）

2. 每一个框架里都是一个独立的文档，用户可以直接添加内容，也可以在框架内打开已经存在的文档。　　（　　）

3. 在浏览器中预览框架集前，不必保存框架集文件以及要在框架中显示的所有文档，也不必单独保存每个框架集文件和带框架的文档，也不必同时保存框架集文件和框架中出现的所有文档。　　（　　）

4. 用户可以使用【框架】面板选择框架或框架集，默认情况下，【框架】面板是显示的。　　（　　）

三、思考题

1. 如何创建预定义的框架集？
2. 如何制作 IFrame 框架页面链接？

第12章

模板与库

本章要点

- 创建模板
- 设置模板
- 管理模板
- 创建与应用库项目

本章主要内容

本章主要介绍创建模板和设置模板方面的知识与技巧，同时还讲解管理模板和创建与应用库项目的操作方法，在本章的最后还针对实际的工作需求，讲解应用库项目、重命名库项目和删除库项目的方法。通过本章的学习，读者可以掌握模板与库方面的知识，为深入学习 Dreamweaver CS6 知识奠定基础。

12.1　创　建　模　板

在制作网站的过程中，为了避免重复创建，用户可以使用 Dreamweaver 提供的模板功能，这样可将具备相同版面结构的页面制作为模板。本节将详细介绍创建模板方面的知识。

12.1.1　新建模板

在 Dreamweaver CS6 中，用户可以直接创建一个全新的模板，并在其中创建网页。下面详细介绍新建模板的操作方法。

第1步 启动 Dreamweaver CS6，在菜单栏中，①选择【文件】菜单；②在弹出的下拉菜单中，选择【新建】命令，如图 12-1 所示。

图 12-1

第2步 弹出【新建文档】对话框，①选择【空白页】选项卡；②在【页面类型】列表框中，选择【HTML 模板】选项；③在【布局】列表框中，选择【<无>】选项；④单击【创建】按钮，如图 12-2 所示，这样即可创建新模板。

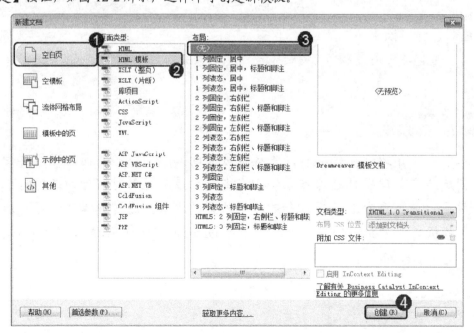

图 12-2

12.1.2　从现有文档创建模板

在 Dreamweaver CS6 中，打开一个已经制作完成的文档后，用户可以从现有文档创建模板。下面详细介绍从现有文档创建模板的操作方法。

第1步　启动 Dreamweaver CS6，打开一个文档，在菜单栏中，①选择【文件】菜单；②在弹出的下拉菜单中，选择【另存为模板】命令，如图 12-3 所示。

第2步　弹出【另存模板】对话框，①在【站点】下拉列表框中，选择准备使用的站点；②在【另存为】文本框中，输入保存的名称；③单击【保存】按钮，如图 12-4 所示。

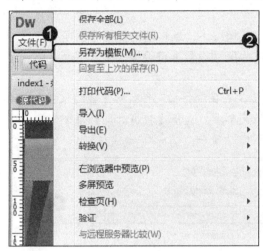

图 12-3

图 12-4

第3步　弹出 Dreamweaver 对话框，提示"要更新链接吗？"的信息，单击【是】按钮，如图 12-5 所示。

第4步　在网页窗口的左上角，可以看到已经将文档另存为模板，如图 12-6 所示。

图 12-5

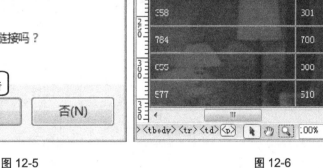

图 12-6

12.2 设置模板

模板实际上就是具有固定格式和内容的文件，模板的功能很强大，在一般情况下，模板页中的所有区域都是被锁定的，为了以后添加不同的内容，可以编辑模板中的编辑区域。本节将详细介绍设置模板方面的知识。

12.2.1 定义可编辑区域

在模板中，可编辑区域是页面的一部分，默认情况下，新创建的模板中的所有区域都处于锁定状态，在编辑之前，需要将模板中的某些区域设置为可编辑区域。下面详细介绍定义可编辑区域的操作方法。

第1步 打开创建的模板网页，将鼠标光标放置在准备插入可编辑区域的位置，在菜单栏中，①选择【插入】菜单；②在弹出的下拉菜单中，选择【模板对象】命令；③在弹出的子菜单中，选择【可编辑区域】命令，如图 12-7 所示。

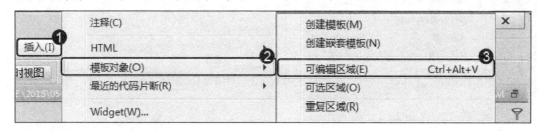

图 12-7

第2步 弹出【新建可编辑区域】对话框，①在【名称】文本框中，输入该区域的名称；②单击【确定】按钮，如图 12-8 所示。

第3步 此时，可编辑区域即被插入当前模板中，在文档窗口中，用户可以看到可编辑区域由高亮显示的矩形边框围绕，区域左上角显示该区域名称，如图 12-9 所示。

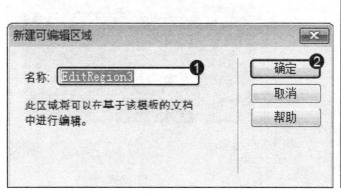

图 12-8

图 12-9

第4步 选中可编辑区域后，即可在【属性】面板中对名称等参数进行修改，如图 12-10 所示。

图 12-10

知识精讲

如果准备删除某个可编辑区域和其内容时，可以先选择需要删除的可编辑区域，然后按下 Delete 键，这样即可删除选中的可编辑区域。

12.2.2　定义可选区域

可选区域是模板中的区域，可将其设置为在基于模板的文件中显示或隐藏。当要为在文件中显示的内容设置条件时，即可使用可选区域。下面详细介绍定义可选区域的操作方法。

第1步 启动 Dreamweaver CS6，选中准备设置可选区域的页面导航所在的文本，如图 12-11 所示。

图 12-11

第2步 在菜单栏中，①选择【插入】菜单；②在弹出的下拉菜单中，选择【模板对象】命令；③在弹出的子菜单中，选择【可选区域】命令，如图 12-12 所示。

图 12-12

第3步 弹出【新建可选区域】对话框，①设置【名称】等参数；②单击【确定】按钮，如图 12-13 所示。

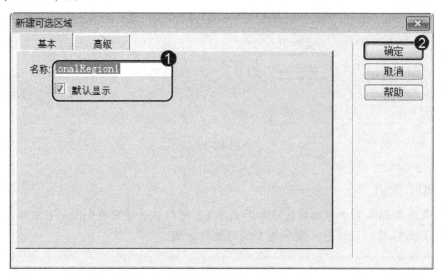

图 12-13

第4步 通过以上步骤即可完成定义可选区域的操作，效果如图 12-14 所示。

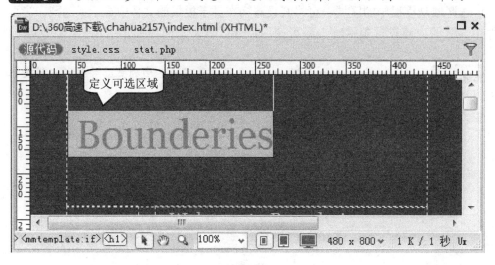

图 12-14

12.2.3 定义重复区域

重复区域是能够根据需要在基于模板的页面中赋值任意次数的模板部分。重复区域通常用于表格，也能够为其他页面元素定义重复区域。在静态页面中，重复区域的概念在模板中常被用到。下面详细介绍定义重复区域的操作方法。

第1步 启动 Dreamweaver CS6，打开已经创建模板的文档，选中准备设置重复区域的文本，如图 12-15 所示。

图 12-15

第2步　在菜单栏中，①选择【插入】菜单；②在弹出的下拉菜单中，选择【模板对象】命令；③在弹出的子菜单中，选择【重复区域】命令，如图 12-16 所示。

图 12-16

第3步　弹出【新建重复区域】对话框，①在【名称】文本框中，输入名称；②单击【确定】按钮，如图 12-17 所示。

图 12-17

第4步　通过以上步骤即可完成定义重复区域的操作，效果如图 12-18 所示。

图 12-18

12.2.4 可编辑标签属性

设置可编辑的标签属性后，用户就可以在根据模板创建的文档中，修改指定的标签属性。下面详细介绍可编辑标签属性的操作方法如下。

启动 Dreamweaver CS6，在页面中选择一个页面元素，选择【修改】→【模板】→【令属性可编辑】命令，弹出【可编辑标签属性】对话框，设置参数，单击【确定】按钮，即可完成可编辑标签的操作，如图 12-19 所示。

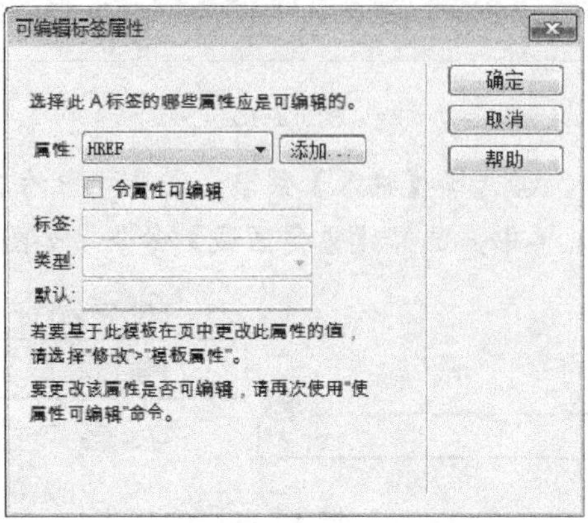

图 12-19

在【可编辑标签属性】对话框中，用户可以设置以下参数。

- ➢ 【属性】选项组：如果准备设置可编辑的属性，可以先单击【添加】按钮，然后在打开的对话框中输入要添加的属性的名称，最后单击【确定】按钮。
- ➢ 【令属性可编辑】复选框：选中该复选框后，被选中的属性才可以被编辑。
- ➢ 【类型】下拉列表框：用于设置可编辑属性的类型。包括以下几种选项：若要为属性输入文本值，选择【文本】选项；若要插入元素的链接(如图像的文件路径)，选择 URL 选项；若要使颜色选择器可用于选择值，选择【颜色】选项；若要能够在页面上选择 true 或 false 值，选择【真/假】选项；若要更改图像的高度或宽度值，选择【数字】选项。
- ➢ 【默认】文本框：用于设置属性的默认值。

智慧锦囊

　　如果在【可编辑标签属性】对话框中，取消选中【令属性可编辑】复选框，则选中的属性就不能被编辑。

12.3 管理模板

在创建模板之后，便可以应用模板，并进行相应的管理。本节将详细介绍应用与管理模板方面的知识。

12.3.1　创建基于模板的网页

模板的最大的用途之一在于一次更新多个页面，使用模板可以快速创建大量风格一致的网页。下面详细介绍创建基于模板的网页的操作方法。

素材文件　配套素材\第 12 章\素材文件\12.3.1\
效果文件　配套素材\第 12 章\效果文件\12.3.1\

第1步　启动 Dreamweaver CS6，在菜单栏中，①选择【文件】菜单；②选择【新建】命令，如图 12-20 所示。

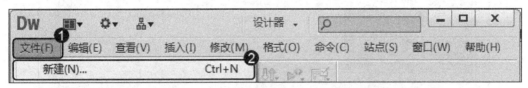

图 12-20

第2步　弹出【新建文档】对话框，①选择【模板中的页】选项卡；②在【站点】列表框中，选择准备应用的站点；③选择准备应用的模板；④单击【创建】按钮，如图 12-21 所示。

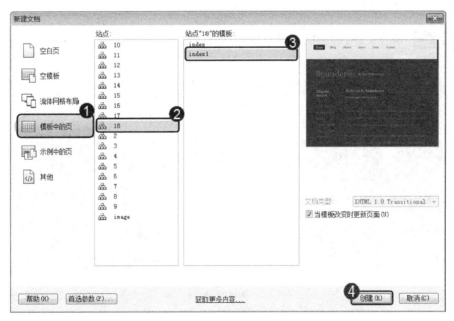

图 12-21

第3步　在可选区域中，输入准备应用的文本，如图 12-22 所示。
第4步　在可选区域中，插入准备应用的图片，如图 12-23 所示。

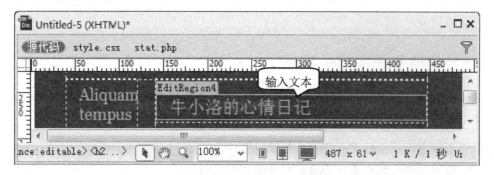

图 12-22

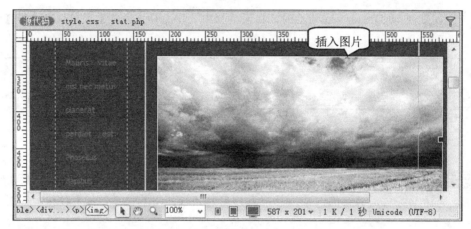

图 12-23

第5步 保存文档，按 F12 键，即可在弹出的浏览器中查看网页效果，如图 12-24 所示。

图 12-24

12.3.2 模板中的页面更新

通过修改并更新模板，可以更新整个网站或是一个网站中的某几个页面。下面详细介绍更新模板中的页面的操作方法。

第1步　启动 Dreamweaver CS6，对打开的模板进行修改操作后，在菜单栏中，①选择【修改】菜单；②在弹出的下拉菜单中，选择【模板】命令；③在弹出的子菜单中，选择【更新页面】命令，如图 12-25 所示。

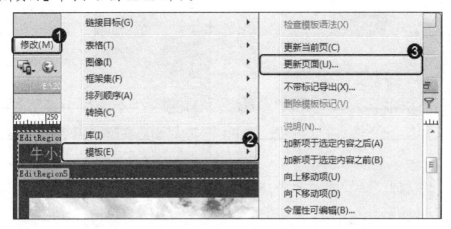

图 12-25

第2步　弹出【更新页面】对话框，①在【查看】下拉列表框中，选择【整个站点】选项；②在其右侧的下拉列表框中，选择需要更新的站点名称；③单击【开始】按钮，如图 12-26 所示，这样即可完成更新模板中的页面的操作。

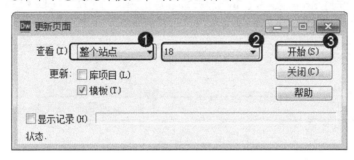

图 12-26

12.3.3　在现有文档中应用模板

通过 Dreamweaver CS6 在现有文档中应用模板有两种方法。

1. 通过【资源】面板将模板应用于文档

在 Dreamweaver CS6 中，通过【资源】面板，用户可以将模板应用于文档中。下面详细介绍通过【资源】面板将模板应用于文档的操作方法。

第1步　启动 Dreamweaver CS6，打开准备应用模板的文档，在【资源】面板中，①单击【模板】按钮📄，显示【模块】面板；②此时，【模板】面板中会显示当前站点中的所有模板，如图 12-27 所示。

第2步　在【模板】面板中，①选择准备应用的模板；②单击【应用】按钮，如图 12-28 所示，这样即可将当前模板应用于文档中。

图 12-27

图 12-28

2. 通过文档窗口将模板应用于文档

在 Dreamweaver CS6 中，用户还可以通过文档窗口将模板应用于文档中。下面详细介绍通过文档窗口将模板应用于文档的操作方法。

第 1 步 启动 Dreamweaver CS6，打开准备应用模板的文档，选择【修改】→【模板】→【应用模板到页】命令，如图 12-29 所示。

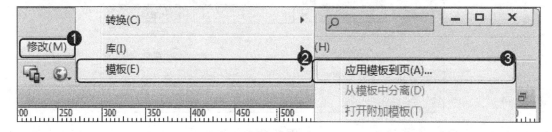

图 12-29

第 2 步 弹出【选择模板】对话框，①选择准备应用的模板；②单击【选定】按钮，如图 12-30 所示，这样即可应用被选中的模板对象。

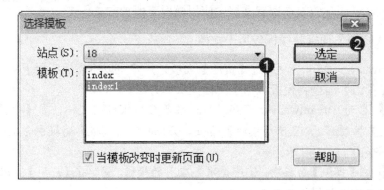

图 12-30

12.4 创建与应用库项目

在 Dreamweaver CS6 中，可以把网站中需要重复使用或需要经常更新的页面元素(如图像、文本或其他对象)存入库(Library)中，方便经常使用。本节将详细介绍创建与应用库项目的操作方法。

12.4.1 关于库项目

库是一种特殊的 Dreamweaver CS6 文件，其中包含可放置到网页中的一组单个资源或资源副本，库中的这些资源称为库项目。可在库中存储的项目包括图像、表格、声音和使用 Adobe Flash 创建的文件。当编辑某个库项目时，可以自动更新所有使用该项目的页面。

Dreamweaver CS6 将库项目存储在每个站点的本地根文件夹下的库(Library)文件夹中，每个站点都有自己的库，使用库比使用模板具有更大的灵活性。

如果库项目中包含链接，链接可能无法在新站点中工作。此外，库项目中的图像不会被复制到新站点中。

默认情况下，【库】面板显示在【资源】面板中，在【资源】面板中单击【库】按钮，即可显示【库】面板，如图 12-31 所示。

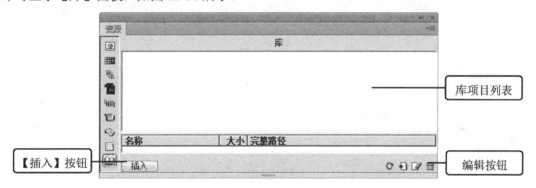

图 12-31

在【库】面板中，用户可以进行以下设置。

➤ 【插入】按钮：用于将库项目插入当前文档中。选中库中的某个项目，单击该按钮，即可将库项目插入文档中。

➤ 编辑按钮：编辑按钮包括【刷新站点列表】、【新建库项目】、【编辑】和【删除】按钮。选中库项目，单击对应的按钮，将执行相应的操作。

➤ 库项目列表：其中列出了当前库中的所有项目。

12.4.2 新建库项目

在对库内容进行编辑之前，用户首先需要创建库项目。下面详细介绍创建库项目的操作方法。

第1步 启动 Dreamweaver CS6，选择【文件】→【新建】命令，弹出【新建文档】对话框，①选择【空白页】选项卡；②在【页面类型】列表框中，选择【库项目】选项；③单击【创建】按钮，如图 12-32 所示。

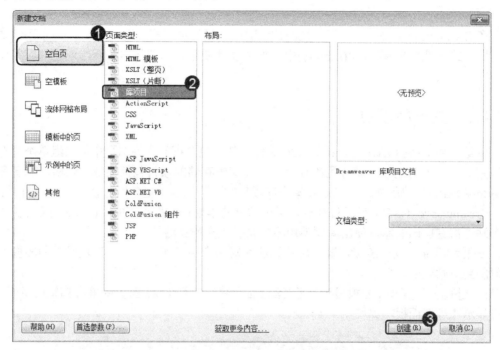

图 12-32

第2步 此时，页面中即会显示新建的库文档，如图 12-33 所示。

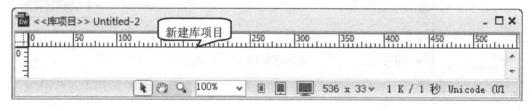

图 12-33

12.5 实践案例与上机指导

通过本章的学习，读者可以掌握利用模板和库创建网页的操作方法。下面通过练习操作，达到巩固学习、拓展提高的目的。

12.5.1 应用库项目

在库项目中，用户可以将实际内容以对项目的引用插入文档中。下面详细介绍应用库项目的操作方法。

第1步 启动 Dreamweaver CS6，打开准备应用库项目的文档，将鼠标光标设置在准备应用库项目的位置处，如图 12-34 所示。

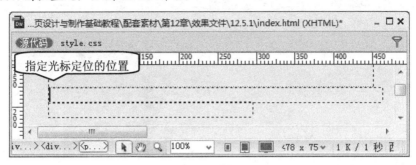

图 12-34

第2步 在【库】面板中，①选择准备插入的库文件，如 "1"；②单击【插入】按钮，如图 12-35 所示。

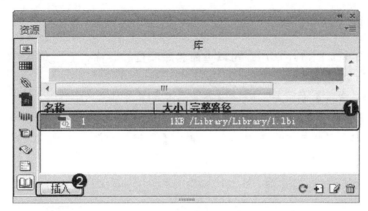

图 12-35

第3步 此时，在文档中便可以看到插入的库文件，效果如图 12-36 所示。

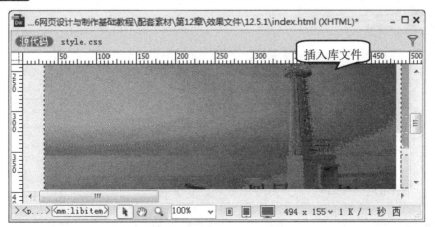

图 12-36

第4步 保存文档，按 F12 键，即可在弹出的浏览器中查看网页效果，如图 12-37 所示。

图 12-37

12.5.2 重命名库项目

在 Dreamweaver CS6 中，用户可以重命名库项目的名称。下面介绍重命名库项目的操作方法。

第1步 在【库】面板中，双击准备重命名的库文件，如"1"，在弹出的文本框中，输入准备更改的名称，然后按 Enter 键，如图 12-38 所示。

第2步 弹出【更新文件】对话框，单击【更新】按钮，如图 12-39 所示，这样即可完成重命名库项目的操作。

图 12-38

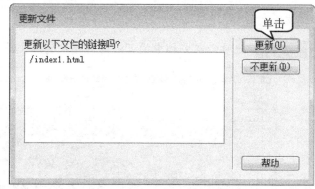

图 12-39

12.5.3 删除库项目

在 Dreamweaver CS6 中，如果用户不再准备使用某个库项目时，可以将其删除。下面介绍删除库项目的操作方法。

第1步 在【库】面板中，①选择准备删除的库文件，如"1"；②单击【删除】按

钮 🗑 ，如图 12-40 所示。

第2步 弹出 Dreamweaver 对话框，单击【是】按钮，如图 12-41 所示。

图 12-40   图 12-41

第3步 通过以上方法即可完成删除库项目的操作，效果如图 12-42 所示。

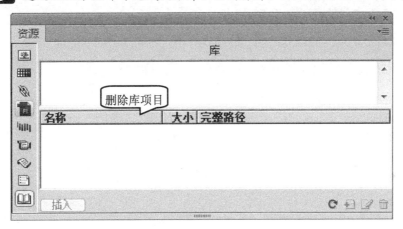

图 12-42

12.6 思考与练习

一、填空题

1．在模板中，_____是页面的一部分，默认情况下，新创建的_____中的所有区域都处于锁定状态，在_____之前，需要将模板中的某些区域设置为可编辑区域。

2．可在库中存储的项目包括_____、表格、_____和使用_____创建的文件。

3．_____是能够根据需要在基于模板的页面中赋值任意次数的模板部分。重复区域通常用于_____，也能够为_____元素定义重复区域。

二、判断题

1. 在 Dreamweaver CS6 中，用户不可以直接创建一个全新的模板。   （   ）
2. 用户可以在根据模板创建的文档中，修改指定的标签属性。   （   ）
3. 在 Dreamweaver CS6 中，用户可以通过文档窗口将模板应用于文档。   （   ）
4. 库是一种特殊的 Dreamweaver CS6 文件，其中包含可放置到网页中的一组单个资源或资源副本，库中的这些资源称为库文本。   （   ）

三、思考题

1. 如何新建模板？
2. 如何新建库项目？

新起点
电脑教程

第13章

使用行为创建动态效果

本章要点

- 行为
- 内置行为

本章主要内容

本章主要介绍行为方面的知识，同时还讲解内置行为的操作方法，在本章的最后还针对实际的工作需求，讲解使用行为实现关闭窗口的功能和使用行为实现打印功能的方法。通过本章的学习，读者可以掌握使用行为创建动态效果方面的知识，为深入学习 Dreamweaver CS6 知识奠定基础。

13.1 行　　为

行为是由事件和该事件触发的动作组成的，功能很强大，受到网页设计者的喜爱。行为是一系列使用 JavaScript 程序预定义的页面特效工具。本节将详细介绍行为方面的知识。

13.1.1 行为的概念

在技术上，行为是和时间轴动画一样的一种动态 HTML(DHTML)技术。它是在特定的时间或者是由某个特定的事件而引发的动作。其中，事件可以是鼠标单击、鼠标移动、网页下载完毕等，对于同一个对象，不同版本的浏览器支持的事件种类和多少也是不一样的；动作是最终产生的动态效果，可以是打开新窗口、弹出菜单、变换图像等。

在 Dreamweaver CS6 中，行为实际上是插入到网页内的一段 JavaScript 代码，它由对象、事件和动作构成。

13.1.2 常见动作类型

动作是最终产生的动态效果，可以是播放声音、交换图像、弹出提示信息、自动关闭网页等。Dreamweaver 中常见的动作类型如表 13-1 所示。

表 13-1　常见的动作类型

动作种类	说　　明
调用 JavaScript	调用 JavaScript 特定函数
改变属性	改变选定客体的属性
检查浏览器	根据访问者的浏览器版本，显示适当的页面
检查插件	确认是否设有运行网页的插件
控制 Shockwave 或 Flash	控制影片的指定帧
拖动层	允许在浏览器中自由拖动层
转到 URL	可以转到特定的站点或者网页文档上
隐藏弹出式菜单	隐藏在 Dreamweaver 上制作的弹出窗口
设置导航栏图像	制作由图片组成的菜单的导航条
设置框架文本	在选定帧上显示指定内容
设置层文本	在选定层上显示指定内容
跳转菜单	可以建立若干个链接的跳转菜单
跳转菜单开始	在跳转菜单中选定要移动的站点之后，只有单击 GO 按钮才可以移动到链接的站点上
打开浏览器窗口	在新窗口中打开 URL

续表

动作种类	说　明
播放声音	在设置的事件发生之后，播放链接的音乐
弹出消息	在设置的事件发生之后，显示警告信息
预先载入图像	为了在浏览器中快速显示图片，事先下载图片
设置状态栏文本	在状态栏中显示指定内容
设置文本域文字	在文本字段区域显示指定内容
显示弹出式菜单	显示弹出菜单
显示/隐藏层	显示或隐藏特定层
交换图像	发生设置的事件后，用其他图片来取代选定图片
恢复交换图像	在运用交换图像动作之后，显示原来的图片
时间轴	用来控制时间轴，可以播放、停止动画
检查表单	检查表单文档在有效性的时候才能使用

13.1.3　常见事件

事件用于指定选定行为在何种情况下发生的动作。例如，想应用单击图像时跳转到制定网站的行为，用户需要把事件指定为单击事件(onClick)。Dreamweaver 中常见事件如表 13-2 所示。

表 13-2　常见事件

事　件	说　明
onAbort	在浏览器中停止加载网页文档的操作时发生的事件
onMove	移动窗口或框架时发生的事件
onLoad	选定的对象出现在浏览器上时发生的事件
onResize	访问者改变窗口或框架的大小时发生的事件
onUnLoad	访问者退出网页文档时发生的事件
onClick	单击选定要素时发生的事件
onBlur	鼠标移动到窗口或框架外侧处于非激活状态时发生的事件
onDragDrop	拖动选定要素后放开时发生的事件
onDragStart	拖动选定要素时发生的事件
onFocus	鼠标移动到窗口或框架中处于激活状态时发生的事件
onMouseDown	单击时发生的事件
onMouseMove	鼠标经过选定要素上面时发生的事件
onMouseOut	鼠标离开选定要素上面时发生的事件
onMouseOver	鼠标在选定要素上面时发生的事件
onMouseUp	放开按住的鼠标左键时发生的事件
onScroll	访问者在浏览器中移动了滚动条时发生的事件

续表

事　件	说　明
onKeyDown	键盘上某个按键被按下时发生的事件
onKeyPress	键盘上按下的某个按键被释放时发生的事件
onKeyUp	放开按下的键盘中的指定键时发生的事件
onAfterUpdate	表单文档的内容被更新时发生的事件
onBeforeUpdate	表单文档的项目发生变化时发生的事件
onChange	访问者更改表单文档的初始设定值时发生的事件
onReset	把表单文档重新设定为初始值时发生的事件
onSubmit	访问者传送表单文档时发生的事件
onSelect	访问者选择文本区域中的内容时发生的事件
onError	加载网页文档的过程中发生错误时发生的事件
onFilterChange	应用到选定要素上的滤镜被更改时发生的事件
onFinish	结束移动文字(Marquee)时发生的事件
onStart	开始移动文字(Marquee)时发生的事件

13.2　内　置　行　为

　　行为是指能够简单运用制作动态网页的 JavaScript 的功能，提高了网站的可交互性。本节将详细介绍使用 Dreamweaver 内置行为方面的知识。

13.2.1　弹出提示信息

　　弹出提示信息行为可显示一个带有指定信息的 JavaScript 警告对话框。因为对话框中只有一个按钮，所以使用此行为可以提供信息，而不能提供选择。下面详细介绍弹出提示信息的操作方法。

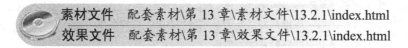

素材文件　配套素材\第 13 章\素材文件\13.2.1\index.html
效果文件　配套素材\第 13 章\效果文件\13.2.1\index.html

　　第 1 步　启动 Dreamweaver CS6，创建 HTML 文件，在【行为】面板中，①单击【添加】按钮 **+**；②在弹出的菜单中，选择【弹出信息】命令，如图 13-1 所示。
　　第 2 步　弹出【弹出信息】对话框，①在【消息】文本框中，输入文本；②单击【确定】按钮，如图 13-2 所示。
　　第 3 步　保存页面，按 F12 键，即可在浏览器中预览页面效果，如图 13-3 所示。

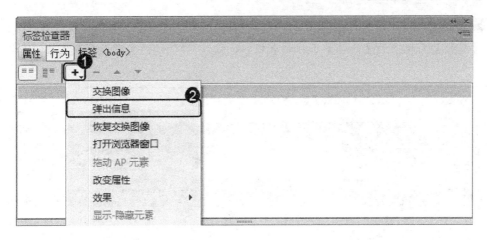

图 13-1

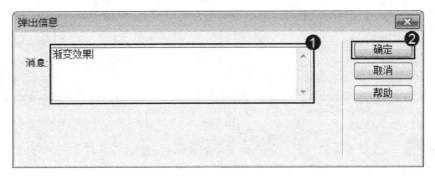

图 13-2

图 13-3

13.2.2　检查插件

　　使用检查插件行为，可根据访问者是否安装了指定的插件这一情况，将其转到不同的页面。例如，如果访问者的计算机中安装了 Flash 插件，那么就播放 Flash 给访问者观看；如果没有安装，就直接将访问者带往没有 Flash 的页面。下面详细介绍检查插件的操作方法。

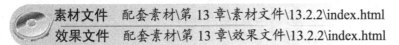

素材文件　配套素材\第 13 章\素材文件\13.2.2\index.html
效果文件　配套素材\第 13 章\效果文件\13.2.2\index.html

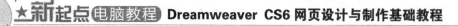

第1步 启动 Dreamweaver CS6，打开 HTML 素材文件，①选中"检查插件"文本；②在【属性】面板上的【链接】下拉列表框中，输入"#"，为文字设置空链接，如图 13-4 所示。

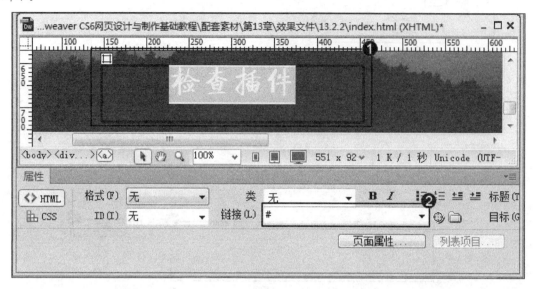

图 13-4

第2步 在【行为】面板中，①单击【添加】按钮 ➕；②在弹出的菜单中，选择【检查插件】命令，如图 13-5 所示。

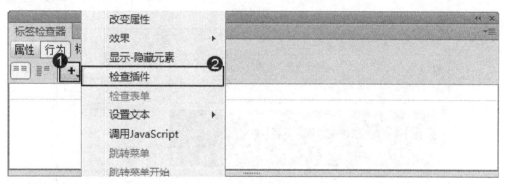

图 13-5

第3步 弹出【检查插件】对话框，①单击【如果有，转到 URL】文本框右侧的【浏览】按钮，添加 Flash.html 文件；②单击【否则，转到 URL】文本框右侧的【浏览】按钮，添加 1.html 文件；③单击【确定】按钮，如图 13-6 所示。

第4步 返回到【行为】面板中，在【触发事件】下拉列表框中，选择 onClick 选项，如图 13-7 所示。

第5步 保存页面，按 F12 键，弹出浏览器，单击页面中的【检查插件】链接后，转到 Flash 页面，如图 13-8 所示。

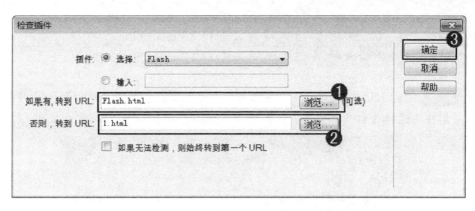

图 13-6

图 13-7

图 13-8

13.2.3　打开浏览器窗口

使用打开浏览器窗口行为时，在打开当前网页的同时，还可以再打开一个新窗口，同时还可以根据动作来编辑浏览器窗口的大小、名称、状态栏和菜单栏等属性。下面详细介绍打开浏览器窗口的操作方法。

素材文件　配套素材\第 13 章\素材文件\13.2.3\index.html
效果文件　配套素材\第 13 章\效果文件\13.2.3\index.html

【第1步】 打开 HTML 素材文件，在【行为】面板中，①单击【添加】按钮 +；②在弹出的菜单中，选择【打开浏览器窗口】命令，如图 13-9 所示。

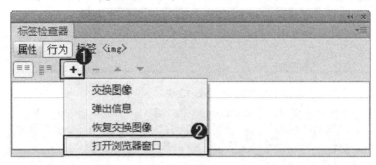

图 13-9

【第2步】 弹出【打开浏览器窗口】对话框，①单击【要显示的 URL】文本框右侧的【浏览】按钮，选择准备浏览的网页文件；②在【窗口宽度】文本框和【窗口高度】文本框中，输入打开网页的宽度和高度值；③选中【需要时使用滚动条】复选框；④单击【确定】按钮，如图 13-10 所示。

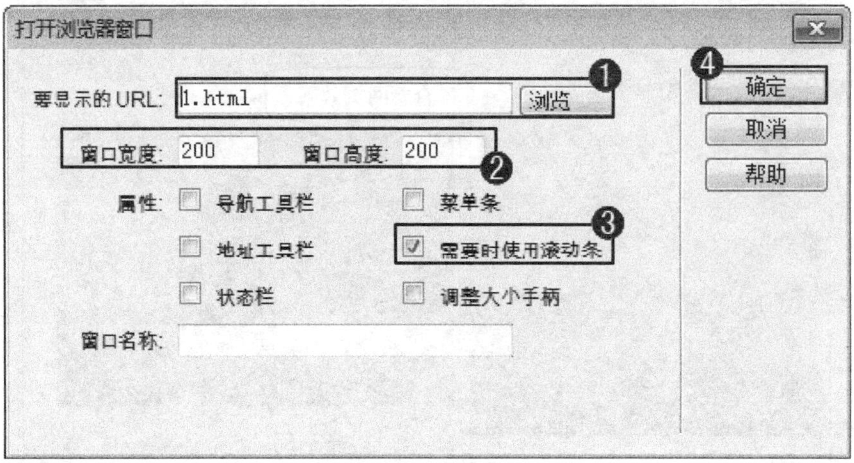

图 13-10

【第3步】 保存页面，按 F12 键，即可在浏览器中预览页面效果，如图 13-11 所示。
在【打开浏览器窗口】对话框中，用户可以进行如下设置。

➢ 【要显示的 URL】选项组：单击【浏览】按钮选择一个文件，或在文本框中输入要显示的 URL。

➢ 【窗口宽度】文本框：指定窗口的宽度(以像素为单位)。

➢ 【窗口高度】文本框：指定窗口的高度(以像素为单位)。

➢ 【导航工具栏】复选框：导航工具栏是一行浏览器按钮(包括【后退】、【前进】、

【主页】和【新载入】等按钮)。

➢ 【地址工具栏】复选框：地址工具栏是一行浏览器选项(包括【地址】文本框等)。

➢ 【状态栏】复选框：状态栏是位于浏览器窗口底部的区域。

➢ 【菜单条】复选框：菜单条是位于浏览器窗口上的菜单。如果要让访问者能够从新窗口导航，应该选中此复选框。如果取消选中此复选框，则在新窗口中，用户只能关闭或最小化窗口。

➢ 【需要时使用滚动条】复选框：选中此复选框，则当内容超出可视区域时，将显示滚动条；取消选中此复选框，则不显示滚动条，如果【调整大小手柄】复选框也未选中，则访问者将不容易看到超出窗口原始大小以外的内容。

➢ 【调整大小手柄】复选框：选中此复选框，则可以调整窗口的大小，方法是拖动窗口的右下角或单击右上角的最大化按钮；取消选中此复选框，则调整大小控件将不可用，窗口的右下角也不能拖动。

➢ 【窗口名称】文本框：输入窗口的名称，此名称不能包含空格或特殊字符。

图 13-11

13.2.4 设置状态栏文本

通过设置状态栏文本行为，可在浏览器窗口底部左侧的状态栏中显示消息。例如，可以使用此行为在状态栏中说明链接的目标，而不是显示与之关联的 URL。下面详细介绍设置状态栏文本的操作方法。

素材文件　配套素材\第 13 章\素材文件\13.2.4\index.html
效果文件　配套素材\第 13 章\效果文件\13.2.4\index.html

第 1 步　打开素材文件，在窗口左下角处，单击<body>标签，如图 13-12 所示。

第 2 步　打开【行为】面板，①单击【添加】按钮 ；②在弹出的菜单中，选择【设置文本】命令；③在弹出的子菜单中，选择【设置状态栏文本】命令，如图 13-13 所示。

第 3 步　弹出【设置状态栏文本】对话框，①在【消息】文本框中，输入文本；②单击【确定】按钮，如图 13-14 所示。

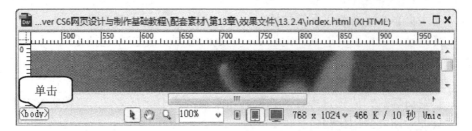

图 13-12

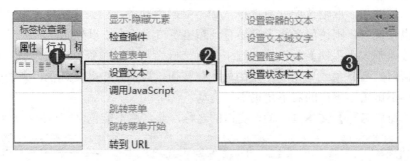

图 13-13

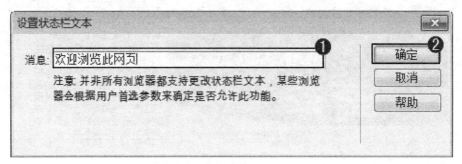

图 13-14

第4步 保存页面，按 F12 键，即可在浏览器中预览页面效果，如图 13-15 所示。

图 13-15

13.2.5　转到 URL

转到 URL 行为用于在当前窗口或指定的框架中打开一个新页面，此行为对通过一次单击更改两个或多个框架的内容特别有帮助。下面详细介绍转到 URL 的操作方法。

素材文件	配套素材\第 13 章\素材文件\13.2.5\index.html
效果文件	配套素材\第 13 章\效果文件\13.2.5\index.html

第 1 步　打开素材文件，在【行为】面板中，①单击【添加】按钮 ；②在弹出的菜单中，选择【转到 URL】命令，如图 13-16 所示。

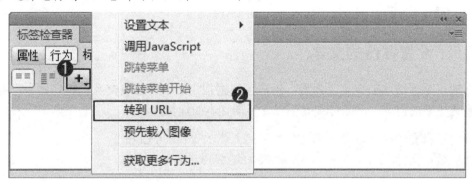

图 13-16

第 2 步　弹出【转到 URL】对话框，①单击【浏览】按钮，选择准备调整 URL 的网页文件；②单击【确定】按钮，如图 13-17 所示。

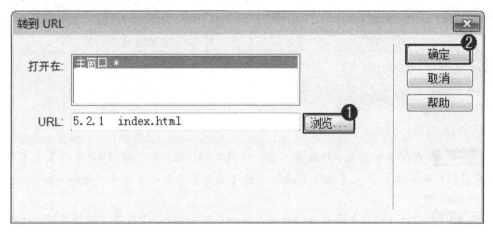

图 13-17

第 3 步　保存页面，按 F12 键，即可在浏览器中预览页面效果，如图 13-18 所示。

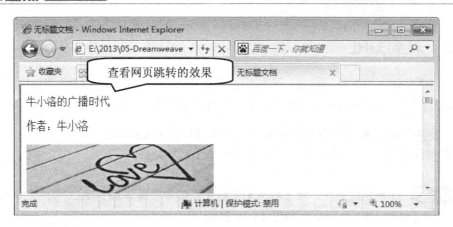

图 13-18

13.2.6 设置容器的文本

在应用容器文本的交互行为后，用户可根据指定的事件触发交互，将容器中已有的内容替换为更新的内容。下面详细介绍设置容器文本的操作方法。

素材文件 配套素材\第 13 章\素材文件\13.2.6\index.html
效果文件 配套素材\第 13 章\效果文件\13.2.6\index.html

第1步 打开素材文件，①选择【插入】菜单；②在弹出的下拉菜单中，选择【布局对象】命令；③在弹出的子菜单中，选择 AP Div 命令，如图 13-19 所示。

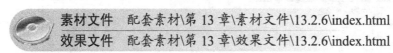

图 13-19

第2步 在网页中插入 AP 元素，①选中插入的 AP 元素，在【AP 元素】文本框中，设置背景颜色和文本；②在【属性】面板上的【溢出】下拉列表框中，选择 visible 选项，如图 13-20 所示。

第3步 打开【行为】面板，①单击【添加】按钮 ；②在弹出的菜单中，选择【设置文本】命令；③在弹出的子菜单中，选择【设置容器的文本】命令，如图 13-21 所示。

第4步 弹出【设置容器的文本】对话框，①在【新建 HTML】文本框中，输入文本，②单击【确定】按钮，如图 13-22 所示。

第5步 保存页面，按 F12 键，弹出浏览器，单击【AP 元素】文本框，即可在浏览器中预览页面效果，如图 13-23 所示。

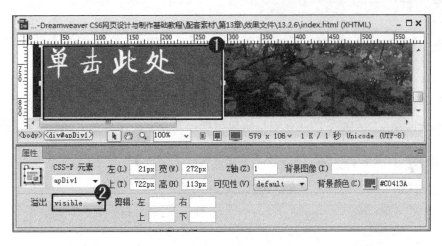

图 13-20

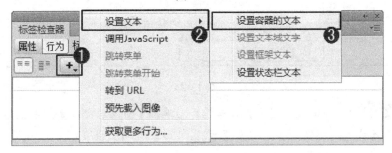

图 13-21

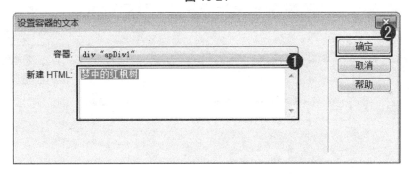

图 13-22

图 13-23

13.2.7 预先载入图像

在浏览网页中图像的时候，有些图像在网页被浏览器下载的时候不能被同时下载，要显示这些图像就需要再次发出下载指令，影响浏览者浏览。使用预先载入图像行为则可以先将这些图像载入到浏览器的缓存中，避免出现延迟。下面详细介绍预先载入图像的操作方法。

第1步 打开素材文件，在【行为】面板中，①单击【添加】按钮 ➕；②在弹出的菜单中，选择【预先载入图像】命令，如图 13-24 所示。

图 13-24

第2步 弹出【预先载入图像】对话框，①单击【图像源文件】文本框右侧的【浏览】按钮，选择准备载入的图像，如"配套素材\第 13 章\素材文件\13.2.6\1.jpg"；②单击【确定】按钮，如图 13-25 所示。

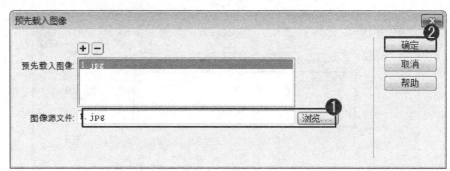

图 13-25

第3步 保存页面，按 F12 键，即可在浏览器中预览页面效果，如图 13-26 所示。

图 13-26

13.3　实践案例与上机指导

通过本章的学习，读者可以掌握使用行为创建动态效果方面的知识。下面通过练习操作，达到巩固学习、拓展提高的目的。

13.3.1　使用行为实现关闭窗口的功能

JavaScript 动作允许使用【行为】面板指定一个自定义代码，也可以编写或者使用各种免费获取的 JavaScript 代码。下面详细介绍使用行为实现关闭窗口功能的操作方法。

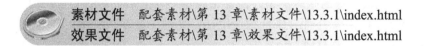

素材文件　配套素材\第 13 章\素材文件\13.3.1\index.html
效果文件　配套素材\第 13 章\效果文件\13.3.1\index.html

第1步　打开素材文件，在【行为】面板中，①单击【添加】按钮 ；②在弹出的菜单中，选择【调用 JavaScript】命令，如图 13-27 所示。

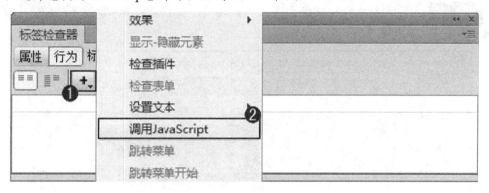

图 13-27

第2步　弹出【调用 JavaScript】对话框，①在 JavaScript 文本框中，输入文本，如"window.close()"；②单击【确定】按钮，如图 13-28 所示。

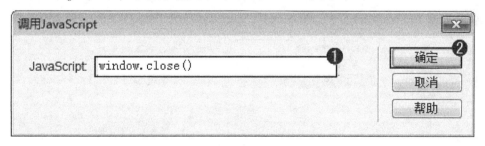

图 13-28

第3步　保存页面，按 F12 键，即可在浏览器中预览页面效果，如图 13-29 所示。

图 13-29

13.3.2　使用行为实现打印功能

JavaScript 是 Internet 上较流行的脚本语言，能够增强用户与网站之间的交互，利用 JavaScript 函数还可以实现打印功能。下面详细介绍使用行为实现打印功能的操作方法。

> **素材文件**　配套素材\第 13 章\素材文件\13.3.2\index.html
> **效果文件**　配套素材\第 13 章\效果文件\13.3.2\index.html

第1步 打开素材文件，切换至【代码】视图，在\<body>和\</body>之间输入相应的代码，如图 13-30 所示。

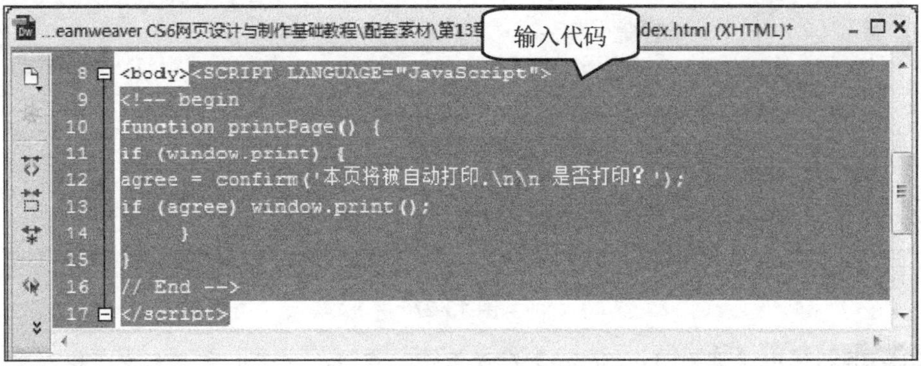

图 13-30

第2步 在\<body>语句中，输入代码 "OnLoad="printPage()""，如图 13-31 所示。

图 13-31

第3步 保存页面，按 F12 键，即可在浏览器中预览页面效果，如图 13-32 所示。

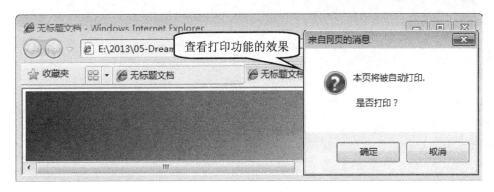

图 13-32

13.4　思考与练习

一、填空题

1.　动作是最终产生的动态效果，可以是打开_____、_____、_____等。

2.　动态效果可以是_____、交换图像、_____、自动关闭网页等。

3.　在应用容器文本的_____后，用户可根据指定的事件触发交互，将容器中已有的内容_____为更新的内容。

二、判断题

1.　在浏览网页中图像的时候，有些图像在网页被浏览器下载的时候不能被同时下载，要显示这些图像就需要再次发出下载指令，影响浏览者浏览。使用预先载入图像行为则可以先将这些图像载入到浏览器的缓存中，避免出现延迟。　　　　　　　　　（　　　）

2.　使用检查插件行为，可根据访问者是否安装了指定的插件这一情况，将其转到相同的页面。　　　　　　　　　　　　　　　　　　　　　　　　　　　　　　（　　　）

3.　通过设置状态栏文本行为，可在浏览器窗口底部左侧的状态栏中显示消息。（　　　）

三、思考题

1.　如何弹出提示信息？

2.　如何转到 URL？

第14章

站点的发布与推广

本章要点

- 测试制作的网站
- 上传发布网站
- 网站运营与维护
- 常见的推广网站方式

本章主要内容

本章主要介绍测试制作的网站和上传发布网站方面的知识与技巧，同时还讲解运营与维护网站的操作方法，在本章的最后还讲解常见的推广网站的方式。通过本章的学习，读者可以掌握站点的发布与推广方面的知识，为深入学习Dreamweaver CS6知识奠定良好的基础。

14.1 测试制作的网站

测试网站站点主要是为了保证在目标浏览器中页面的内容能正常显示，网页中的链接能正常进行跳转，即文档中没有断开的链接；测试站点的另一个目的是使页面下载时间缩短。本节将详细介绍测试制作的网站方面的知识。

14.1.1 创建站点报告

在测试站点时，用户可以使用【报告】命令来对当前文档、选定的文件或整个站点的工作流程或 HTML 属性运行站点报告。下面详细介绍创建站点报告的操作方法。

第1步 打开准备测试的网页，在菜单栏中，①选择【站点】菜单；②在弹出的下拉菜单中，选择【报告】命令，如图 14-1 所示。

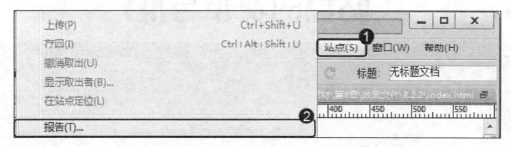

图 14-1

第2步 弹出【报告】对话框，①在【选择报告】列表框中，选择报告类型；②单击【运行】按钮，如图 14-2 所示。

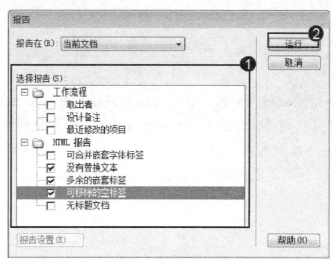

图 14-2

第3步 弹出【站点报告】面板，其中显示了生成的站点报告，如图 14-3 所示。

图 14-3

14.1.2　检查浏览器兼容性

检查浏览器的兼容性是指检查文档中是否有目标浏览器所不支持的任何标签或属性等
元素，当目标浏览器不支持某元素时，网页在浏览器中会显示不完全或功能运行不正常。
下面详细介绍检查浏览器兼容性的操作方法。

第1步　打开准备检查浏览器兼容性的网页，在菜单栏中，①选择【窗口】菜单；
②在弹出的下拉菜单中，选择【结果】命令；③在弹出的子菜单中，选择【浏览器兼容性】
命令，如图 14-4 所示。

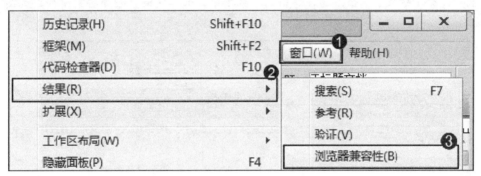

图 14-4

第2步　打开【浏览器兼容性】面板，①单击【检查浏览器兼容性】按钮 ▷ ；②在弹
出的菜单中，选择【检查浏览器兼容性】命令，如图 14-5 所示。

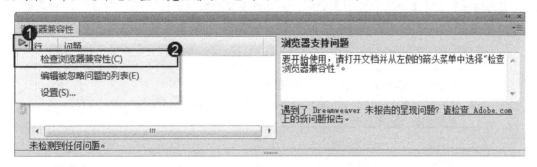

图 14-5

第3步　此时，将对本地站点中所有文件进行目标浏览器检查，并显示检查结果。在

面板左侧, 单击某一个问题, 在面板右侧, 将显示该问题的详细解释, 如图 14-6 所示。

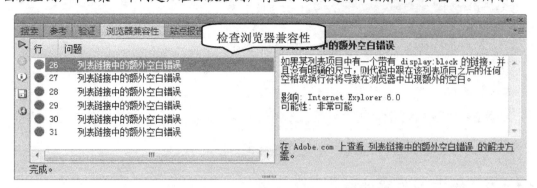

图 14-6

14.1.3 使用链接检查器

在发布站点前应确认站点中所有文本和图形的显示是否正确, 以及所有链接的 URL 地址是否正确, 即当单击链接时能否到达目标位置。下面详细介绍使用链接检查器的方法。

第 1 步 打开准备检查的网页, 在菜单栏中, ①选择【窗口】菜单; ②在弹出的下拉菜单中, 选择【结果】命令; ③在弹出的子菜单中, 选择【链接检查器】命令, 如图 14-7 所示。

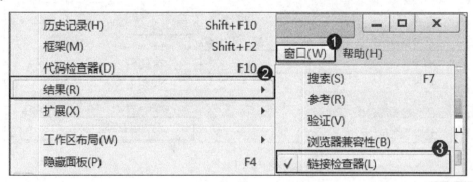

图 14-7

第 2 步 打开【链接检查器】面板, ①单击【检查链接】按钮 ▷; ②在弹出的菜单中, 选择【检查整个当前本地站点的链接】命令, 如图 14-8 所示。

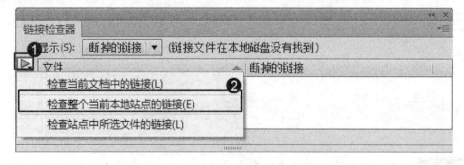

图 14-8

第3步　此时，将对本地站点中所有文件进行链接检查，并显示检查结果，如图 14-9 所示。

图 14-9

14.2　上传发布网站

网站制作完毕后，用户就可以将其正式上传到 Internet。在上传网站前，应先在 Internet 上申请一个网站空间，这样才能把所做的网页放到 WWW 服务器上，供全世界的人参观。本节将详细介绍上传发布网站方面的知识。

14.2.1　链接到远程服务器

在定义完远程服务器后，用户便可以链接到远程服务器，以便进行上传及维护工作。下面介绍链接到远程服务器的操作方法。

第1步　启动 Dreamweaver CS6，①选择【站点】菜单；②在弹出的下拉菜单中，选择【管理站点】命令，如图 14-10 所示。

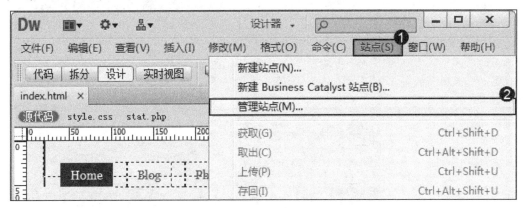

图 14-10

第2步　弹出【管理站点】对话框，单击【编辑当前选定的站点】按钮 ，如图 14-11 所示。

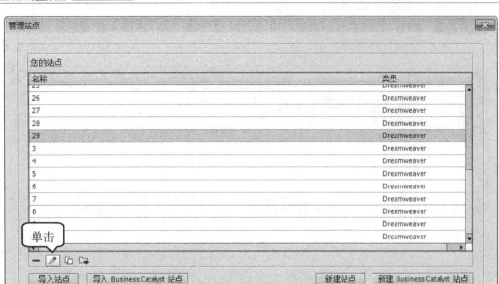

图 14-11

第3步 弹出【站点设置对象 29】对话框，①选择【服务器】选项；②单击【添加新服务器】按钮 ╋，如图 14-12 所示。

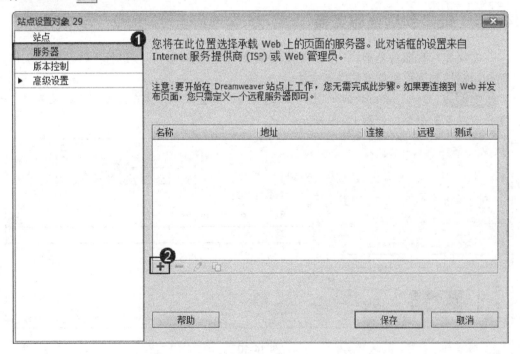

图 14-12

第4步 进入远程服务器设置界面，①设置远程服务器的各种参数；②单击【保存】按钮，如图 14-13 所示。

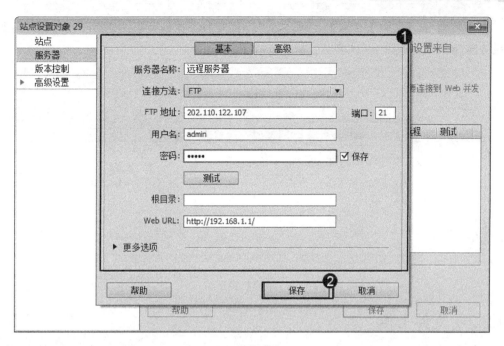

图 14-13

第5步 设置服务器后，在【文件】面板中，单击【展开以显示本地和远程站点】按钮 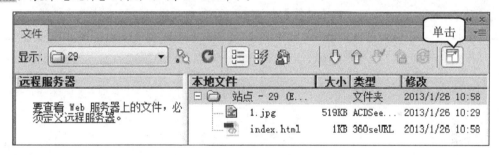，展开【文件】面板，如图 14-14 所示。

图 14-14

第6步 展开【文件】面板后，在工具栏上，单击【链接到远端主机】按钮 ，如图 14-15 所示。

图 14-15

第7步 在【文件】面板的左侧，将显示远程服务器的目录，这样即可完成链接到远程服务器的操作，如图 14-16 所示。

图 14-16

14.2.2 文件上传

使用 Dreamweaver CS6 制作网页后，用户可以使用 Dreamweaver 程序自带的上传工具上传文件。

文件上传的操作方法如下。

启动 Dreamweaver CS6，在【文件】面板中，①选中准备上传的文件或文件夹；②单击【上传】按钮 ⬆️，此时，Dreamweaver CS6 会自动将选中的文件或文件夹上传到远程服务器，然后，在远端站点即可显示刚刚上传的文件，如图 14-17 所示。

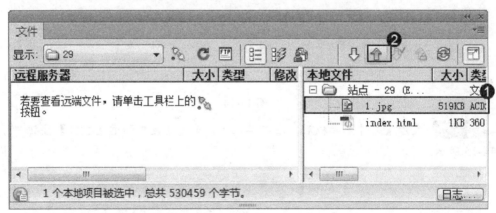

图 14-17

14.2.3 文件下载

启动 Dreamweaver CS6，在【文件】面板中，单击【链接】按钮 🖱️，然后选择准备下载的文件或文件夹，并单击【获取文件】按钮 ⬇️，即可将远端服务器上的文件下载到本地计算机中。

知识精讲

　　使用 Dreamweaver CS6 上传和下载文件时，程序将自动记录各种 FTP 操作，选择【窗口】→【结果】→【FTP 记录】命令，即可打开【FTP 记录】面板，查看 FTP 记录。

14.3　网站运营与维护

　　随着网络应用的深入和网络营销的普及，越来越多的企业意识到网站并非一次性投资建立一个网站那么简单，更重要的工作在于网站建成后的长期更新、维护及推广过程。本节将详细介绍网站运营与维护方面的知识。

14.3.1　网站的运营

　　想要把一个网站做好并不是一件容易的事情。简单来说，做好网站运营，至少应该注意以下几个方面。

1. 技术与创意的结合

　　技术不是最重要的，但它却是网站运营的基本前提和条件。在网站的运营过程中，必须和客户、程序员、设计人员沟通，如果一点技术都不懂，创意就无法被很好地实现。因此网站的语言、架构、设计这些方面多少都要熟悉。

2. 全方位运作

　　做网站运营要了解传统经济，如果在传统行业有人脉和资源更好。要清楚，网站运营不是一个单独的产品，不管是公司网站还是个人网站，运营依然是传统的服务或者产品，而网站只是另外一个渠道。网站运营者所做的是通过互联网先进技术与传统行业相结合，为客户提供一种更为方便的服务。

　　所以，网站运营切忌只搞网络线上活动而脱离线下的运作。否则，只会离目标客户越来越远，陷入错误的运作模式。

3. 广告人的思维和策划能力

　　广告人的思维和策划能力对网站的宣传起着至关重要的作用。好的广告人可以运用精准的策划能力将网站成功推广，吸引更多的用户浏览、观摩网站的内容。同时，一个成功的策划文案，可以使广告人更迅速地把网站的产品销售出去。而如果广告人不懂得宣传网站，网站没有很好的客户体验，这样就不可能留住客户，所以，成功的网站需要大量具有良好策划能力和思维的广告人。

4. 生产与销售

　　网站运营的实质还是生产与销售。要产生盈利，就必须分析目标群体需求什么，网站能提供什么，用户能从站点上得到哪些方便、价值、信息。需要在需求和市场分析方面做足工作，这样才不会盲目。了解了市场，才能知道如何精准推广，如何在网站上有的放矢地促进销售。网站推广不只是 SEO，不是把网站做好、权重提高就可以。其实网络推广和线下推广一样，重要的是思路，多借鉴传统行业的推广点子，会事半功倍。

5. 需求分析

做好网络营销也需要去关注和学习竞争对手和同行，要做到取长补短，最好是深入了解一个行业，熟悉一种运营模式的网站，分析他们的盈利模式和用户群体，只有这样才能在运营中不断进步，变得有竞争力。学会吸收竞争对手的优点来不断完善自己，这也是一个合适的网站运营人员必不可少的。

其实运营网站和经营一个公司在本质上没有很大的区别，这两者都涉及产品设计研发、市场推广和销售、人员管理培训、财务管理等很多方面，所以，做网站运营是一个系统而庞大的工作，需要不断地学习、不断地创新。

上面提到的只是网站运营中粗框架上的建议，想要运营好网站，在框架确立后，就需要去完善网站上的方方面面了。新时代的竞争日益激烈，胜出的企业总是赢在细节，所以说需求分析是很重要的。

6. 网站内容的建设

网站内容是决定网站性质的重要因素，网站内容的建设是网站运营的重要工作。网站内容的建设主要由专业的编辑人员来完成，工作包括栏目的规划、信息的采编、内容的整理与上传、文件的审阅等。所以，编辑人员的工作也是网站运营的重要环节之一，在运营网站的过程中，与优秀的网站编辑人员合作也是十分有必要的。

7. 合理的网站规划

网站规划包括前期的市场调研、项目的可行性分析、文档策划撰写和业务流程操作等步骤。一个网站的成功与合理的网站规划有着密不可分的关系。

网站运营商应根据网站构建的需要，进行有效的网站规划，如文章标题应怎么制作显示，广告应如何设置等，这些都需要合理和科学的规划。好的规划，可使网站的形象得到提升，吸引更多的客户来观摩和交流，是网站运营时必要的操作手法。

14.3.2 网站的更新与维护

在网站优化中，网站内容的更新维护是必不可少的。由于每个网站的侧重点不同，网站内容的更新维护也有所不同。

➤ 网站内容更新维护的时间：网站内容的更新维护时间形成一定的规律性后，百度也会按照更新时间形成一定爬行的规律，而在这个固定的时间段里更新文章，往往会很快就被百度收录，因此，如果条件允许的话，网站内容更新应尽量在固定时间段进行。

➤ 网站内容更新维护的数量：网站每天更新多少篇文章才好，其实百度对这个并没有什么明确要求，一般个人网站的话每天更新 7、8 篇即可，网站每天更新的数量最好也可固定。

> 网站内容的质量：这是网站更新维护最为关键的一点，网站内容的质量要涉及用户体验性和 SEO 优化技术。文章的标题写法是内容更新的关键，一个权重高的网站往往会因一篇标题取得好的文章而带来不少的流量，标题的一般写法文章内容主题思想。

了解以上方法后，用户应懂得，网站内容的更新维护需要持之以恒，更需要在这个持之以恒的过程中保持活力。

14.3.3　优化网站的 SEO

SEO(Search Engine Optimization，搜索引擎优化)是一种利用搜索引擎的搜索规则，来提高网站在有关搜索引擎内的排名的方式。通过 SEO 这样一套基于搜索引擎的营销思路，可为网站提供生态式的自我营销解决方案，让网站在行业内占据领先地位，从而获得品牌收益。

SEO 可分为站外 SEO 和站内 SEO 两种。

SEO 的主要工作是通过了解各类搜索引擎如何抓取互联网页面、如何进行索引以及如何确定其对某一特定关键词的搜索结果排名等技术，来对网页进行相关的优化，使其提高搜索引擎排名，从而提高网站访问量，最终提升网站的销售能力或宣传能力。

对于任何一家网站来说，要想在网站推广中取得成功，搜索引擎优化都是至为关键的一项任务。同时，随着搜索引擎不断变换它们的排名算法规则，每次算法上的改变都会让一些原本排名很好的网站在一夜之间一落千丈，而失去排名的直接后果就是失去了网站固有的可观访问量。可以说，搜索引擎优化是一个越来越复杂的任务。

掌握了 SEO 方面的知识后，用户即可了解优化网站 SEO 方面的技巧。下面介绍一些优化网站 SEO 的措施。

> 定义网站的名字，选择与网站名字相关的域名。
> 围绕网站的核心内容，定义相应的栏目，定制栏目菜单导航。
> 根据网站栏目，收集信息内容并对收集的信息进行整理、修改、创作和添加。
> 选择稳定、安全的服务器，保证网站 24 小时能正常打开，网速稳定。
> 分析网站关键词，并将其合理地添加到内容中。
> 网站程序采用 Div+CSS 构造，符合 WWW 网页标准，全站生成静态网页。
> 制作生成 xml 与 htm 的地图，便于搜索引擎对网站内容的抓取。
> 为每个网页定义标题、meta 标签。标题简洁，meta 围绕主题关键词。
> 经常更新相关信息内容，禁用采集，手工添置，原创为佳。
> 放置网站统计计算器，分析网站流量来源，以及用户关注的内容。根据用户的需求，修改与添加网站内容，增加用户体验。
> 网站设计要美观大方，菜单清晰，网站色彩搭配合理。尽量少用图片、Flash、视频等，以致影响打开速度。
> 合理的 SEO 优化，不采用群发软件，禁止针对搜索引擎网页排名的作弊(SPAM)，合理优化推广网站。

> ➤ 合理交换网站相关的友情链接，不能与搜索引擎惩罚的或与行业不相关的网站交换链接。

14.4 常见的网站推广方式

常见的网站推广方式包括搜索引擎推广、资源合作推广、电子邮件推广、软文推广、导航网站登录、BBS 论坛推广、博客推广、微博推广、病毒性营销、口碑营销等。本节将详细介绍常见的网站推广方式。

14.4.1 搜索引擎推广

搜索引擎推广是指利用搜索引擎、分类目录等具有在线检索信息功能的网络推广网站的方法。

按照搜索引擎的基本形式，大致可以分为网络蜘蛛型搜索引擎和基于人工分类目录的搜索引擎两种，前者包括搜索引擎优化、关键词广告、竞价排名、固定排名、基于内容定位的广告等多种形式，而后者则主要是在分类目录合适的类别中进行网站登录。随着搜索引擎形式的进一步发展变化，也出现了其他一些形式的搜索引擎，不过大都是以这两种形式为基础。

从目前的发展趋势来看，搜索引擎在网络营销中的地位依然重要，并且受到越来越多企业的认可，搜索引擎营销的方式也在不断发展演变，因此应根据环境的变化选择搜索引擎营销的合适方式，如图 14-18 所示。

图 14-18

14.4.2 资源合作推广

资源合作推广是指通过网站交换链接、交换广告、内容合作、用户资源合作等方式，在具有类似目标的网站之间实现互相推广的目的。其中最常用的资源合作方式为网站链接策略，利用合作伙伴之间网站访问量资源合作互为推广。

　　每个企业网站都拥有自己的资源，这种资源可以表现为一定的访问量、注册用户信息、有价值的内容和功能、网络广告空间等，可以利用网站的资源与合作伙伴开展合作，实现资源共享，共同扩大收益。

　　在各种资源合作形式中，交换链接是最简单的一种合作方式，也是新网站推广的有效方式之一。交换链接或称互惠链接，是具有一定互补优势的网站之间的简单合作形式，即分别在自己的网站上，放置对方网站的 LOGO 或网站名称，并设置对方网站的超级链接，使得用户可以从合作网站中发现自己的网站，达到互相推广的目的，如图 14-19 所示。

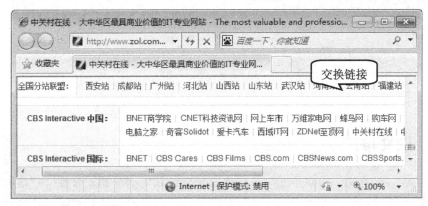

图 14-19

　　交换链接的作用主要表现在以下几个方面：获得访问量、加深用户浏览时的印象、在搜索引擎排名中增加优势、通过合作网站的推荐增加访问者的可信度等。

　　一般来说，每个网站都倾向于链接价值高的其他网站。

14.4.3　电子邮件推广

　　电子邮件推广是以电子邮件为主要的网站推广手段，常用的方法包括电子刊物、会员通讯、专业服务商的电子邮件广告等。

　　基于用户许可的电子邮件营销与滥发邮件(SPAM)不同，许可营销比传统的推广方式或未经许可的电子邮件营销具有明显的优势，如可以减少广告对用户的滋扰、提高潜在客户定位的准确度、增强与客户的关系、提高品牌忠诚度等。

　　根据许可电子邮件营销所应用的用户电子邮件地址资源的所有形式，可以分为内部列表电子邮件营销和外部列表电子邮件营销，或简称内部列表和外部列表。

　　内部列表也就是通常所说的邮件列表，是利用网站的注册用户资料开展电子邮件营销的方式，常见的形式如新闻邮件、会员通讯、电子刊物等。外部列表则是利用专业服务商的用户电子邮件地址来开展电子邮件营销，也就是通过电子邮件广告的形式向服务商的用户发送信息，如图 14-20 所示。

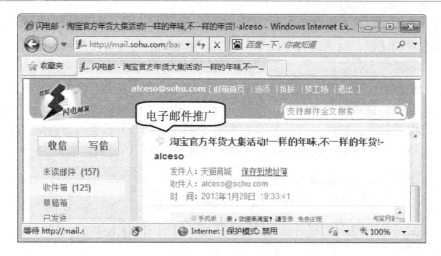

图 14-20

14.4.4 软文推广

软文可从用户角度、行业角度、媒体角度来有计划地撰写和发布推广，这使得每篇软文都能够被各种网站转载发布，以达到最好的效果。软文写得要有价值，让用户看了有收获，标题要写得吸引网站编辑，这样才能达到更好的宣传效果，如图 14-21 所示。

图 14-21

14.4.5 导航网站登录

现在国内有大量的网址导航类站点，如 http://www.hao123.com、http://www.265.com 等，如图 14-22 所示，在这些导航网站中做上链接也能带来大量的流量。

图 14-22

14.4.6　BBS 论坛推广

在知名论坛上注册后，在回复帖子的过程中，用户可把签名设为自己的网站地址。在论坛中，用户可以发表热门内容，自己顶自己的帖子。同时，用户还可以发布具有推广性标题的帖子，好的标题是吸引用户的关键因素，如图 14-23 所示。

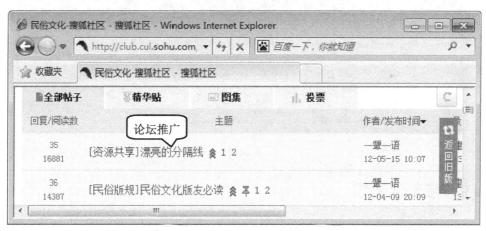

图 14-23

14.4.7　博客推广

博客作为近年来主要的信息传播载体，已经被广泛应用到各个领域。运用博客，用户不仅可以发布自己的生活经历、个人观点，还可以附带宣传网站信息等。编撰好的博文，可以吸引大量的潜在客户浏览，是推广网站的必要手段之一，如图 14-24 所示。

图 14-24

14.4.8 微博推广

微博作为时下最为火热的信息传播载体，正被更多的人所接受。微博营销自然也成为营销的热点，如何有效地利用微博做推广是许多人在不断摸索的问题，如图 14-25 所示。

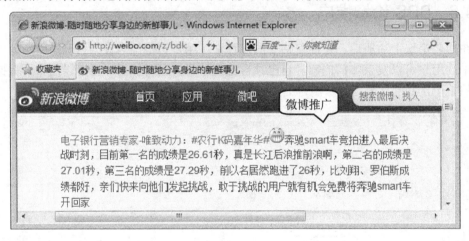

图 14-25

14.4.9 病毒性营销

病毒性营销并非传播病毒，而是利用用户之间的主动传播，让信息像病毒那样扩散，从而达到推广的目的。

病毒性营销实质上是在为用户提供有价值的免费服务的同时，附加上一定的推广信息，常用的工具包括免费电子书、免费软件、免费 Flash 作品、免费贺卡、免费邮箱(见图 14-26)、免费即时聊天工具等，可以为用户获取信息、使用网络服务、娱乐等带来方便。如果应用得当，病毒性营销手段往往可以以极低的代价取得非常显著的效果。

图 14-26

14.4.10　口碑营销

口碑营销是指网站运营商在调查市场需求的情况下，为消费者提供需要的产品和服务，同时制订一定的口碑推广计划，让消费者自动传播网站产品和服务的良好评价，从而让人们通过口碑了解产品、树立品牌、加强市场认知度，最终达到网站销售产品和提供服务的目的。

相对于纯粹的广告宣传、促销手段、公关交际、商家推荐等，口碑营销的可信度更高。这个特征是口碑传播的核心，也是开展口碑宣传的一个最佳理由。与其不惜巨资通过广告、促销活动、公关活动来吸引潜在消费者的目光、提高客户的网站忠诚度，不如通过相对简单的口碑传播的方式来达到推广网站的目的。

14.5　思考与练习

一、填空题

1. 测试网站站点主要是为了保证在_____中页面的内容能正常显示，网页中的链接能正常进行_____，即文档中没有断开的链接；测试站点的另一个目的是使页面下载_____。

2. 电子邮件推广是以电子邮件为主要的网站推广手段，常用的方法包括_____、_____、专业服务商的_____等。

3. 检查浏览器的_____是指检查文档中是否有目标浏览器所不支持的任何_____或属性等元素，当目标浏览器不支持某元素时，网页在浏览器中会显示不完全或功能运行_____。

4. 网站内容的建设主要由专业的编辑人员来完成，工作包括_____、信息的采编、内容的整理与上传、_____等。

二、判断题

1. 在定义完远程服务器后，用户便可以链接到远程服务器，以便进行上传及维护工作。
（　　）

2. 搜索引擎推广是指利用知名门户网站、分类目录等具有离线检索信息功能的网络推广网站的方法。
（　　）

3. 口碑营销是指网站运营商在调查市场需求的情况下，为消费者提供需要的产品和服务，同时制订一定的口碑推广计划，让消费者自动传播网站产品和服务的良好评价，从而让人们通过口碑了解产品、树立品牌、加强市场认知度，最终达到网站销售产品和提供服务的目的。
（　　）

4. 病毒性营销实际是传播病毒，而且利用用户之间的主动传播，让信息病毒迅速扩散，从而达到推广的目的。
（　　）

三、思考题

1. 如何上传文件？
2. 如何下载文件？

附录 思考与练习答案

第 1 章

一、填空题

1. GIF 动画 Flash 动画
2. 动态网页 静态网页 管理
3. 网页 表现形式 文字 音频
4. 制作效率高 效果难一致

二、判断题

1. √
2. ×
3. √
4. √

三、思考题

1. 在网站设计中，HTML 格式的网页通常被称为静态网页。早期的网站一般都是以静态网页的形式制作的。静态网页一般以 .htm、.html、.shtml、.xml 等格式为后缀。在静态网页上，也可以出现如 GIF 动画、Flash、滚动字母等各种动态效果。

2. Banner 是用于宣传网站内某个栏目或活动的广告。Banner 一般要求制作成动画形式，因为动画能够吸引更多注意力，将介绍性的内容简练地加在其中，达到宣传的效果。网站 Banner 常见的尺寸是 480 像素×60 像素或 233 像素×30 像素。它使用 GIF 格式的图像文件，既可以使用静态图形，也可以使用动画图像。Banner 一般位于网页的顶部和底部，还有一些小型的广告还会被适当地放在网页的两侧。

第 2 章

一、填空题

1. 标题栏 工具栏 浮动面板组
2. HTML 选项卡 CSS 选项卡
3. 【常用】 创建

二、判断题

1. ×
2. √

三、思考题

1. 菜单栏中包括多个菜单，如【文件】、【编辑】、【查看】、【插入】、【修改】、【格式】、【命令】、【站点】、【窗口】和【帮助】等。

2. 启动 Dreamweaver CS6，选择【查看】→【网格设置】→【显示网格】命令，即可完成显示网格的操作。

第 3 章

一、填空题

1. 打开 删除 复制
2. 有规律 设计 修改

二、判断题

1. ×
2. √

三、思考题

1. 启动 Dreamweaver CS6 后，可以在【文件】面板中，单击左侧的下拉列表框，在弹出的下拉列表中，选择准备打开的站点，单击即可打开。

2. 启动 Dreamweaver CS6，在【文件】面板中，右击准备创建文件夹的父级文件夹，在弹出的快捷菜单中，选择【新建文件夹】命令，这样即可完成创建文件夹的操作。

第 4 章

一、填空题

1. 基本元素 存储信息量大 生成方便
2. 插入特殊字符 插入注释 插入日期

二、判断题

1. √
2. ×

三、思考题

1. 打开 Dreamweaver CS6，在【属性】面板中，单击【粗体】按钮，这样可使文本在粗体和正常体之间进行切换。在【属性】面板中，单击【斜体】按钮，这样可使文本在斜体和正常体之间进行切换。

2. 在 Dreamweaver CS6 中，将鼠标光标定位于编辑窗口，选择【插入】→HTML【文件头标签】→【关键字】命令。弹出【关键字】对话框，在【关键字】文本框中，输入关键字信息，单击【确定】按钮，即可完成插入关键字的操作。

第 5 章

一、填空题

1. Flash 动画 FLV 视频 音乐

2. 8 位 24 位 32 位

二、判断题

1. √
2. ×

三、思考题

1. 将鼠标光标定位于网页文档中，选择【插入】→【图像对象】→【图像占位符】命令。弹出【图像占位符】对话框，在【名称】文本框中输入名称，设置占位符的高度和宽度，并设置占位符的颜色，单击【确定】按钮。此时，在网页中即可看到刚刚插入的占位符。

2. 启动 Dreamweaver CS6，将鼠标光标定位于准备插入 FLV 视频的位置，选择【插入】→【媒体】→FLV 命令。弹出【插入 FLV】对话框，单击 URL 文本框右侧的【浏览】按钮，选择打开的 FLV 文件；在【外观】下拉列表框中，设置准备应用的播放器样式；单击【检测大小】按钮，检测播放器的高度值和宽度值；选中【自动播放】复选框，单击【确定】按钮。保存文档，按 F12 键，即可在浏览器中预览到添加的 FLV 效果。

第 6 章

一、填空题

1. 绝对路径 文档相对路径 站点根目录相对路径
2. 【属性检查器文件夹】【链接】链接
3. 文本超级链接 空链接 脚本链接
4. 网页文件 网页 图像

二、判断题

1. √

2. ×

3. √

三、思考题

1. 启动 Dreamweaver CS6，选择【插入】→【超级链接】命令。弹出【超级链接】对话框，在【链接】下拉列表框中输入链接的目标，单击【确定】按钮，即可完成使用菜单创建链接的操作。

2. 打开 Dreamweaver CS6，选择【编辑】→【首选参数】命令。弹出【首选参数】对话框，在【分类】列表框中，选择【常规】选项；在【文档选项】选项组中，单击【移动文件时更新链接】下拉列表框中的下拉按钮，在弹出的下拉列表中，选择不同的选项，即可进行不同的设置。

第 7 章

一、填空题

1. 表格 行 单元格
2. 元素 图片 数据 有序
3. 整体高度 大小 比例
4. 表格数据 移动

二、判断题

1. √
2. √
3. ×
4. ×

三、思考题

1. 启动 Dreamweaver CS6，选择【插入】→【表格】命令。弹出【表格】对话框，在【行数】文本框中，输入表格的行数；在【列】文本框中，输入表格的列数；单击【确定】按钮，这样即可完成创建表格的操作。

2. 打开 Dreamweaver CS6，选中准备合并的多个单元格，选择【修改】→【表格】

→【合并单元格】命令。此时，可以看到选中的单元格已经被合并。

第 8 章

一、填空题

1. HTML 元素 style 标记
2. 选择器(Selector) 属性(Property) 属性值(Value)
3. 过滤器 鼠标 Internet Explorer 4.0

二、判断题

1. √
2. ×
3. √

三、思考题

1.

(1) 可以将网页的显示控制与显示内容分离。

(2) 能更有效地控制页面的布局。

(3) 可以制作出体积更小、下载更快的网页。

(4) 可以更快、更方便地维护及更新大量的网页。

2. 在【CSS 样式】面板上，单击【附加样式表】按钮。弹出【链接外部样式表】对话框，单击【文件/URL】下拉列表框右侧的【浏览】按钮，插入 CSS 文件；选中【链接】单选按钮；单击【确定】按钮。保存文档，按 F12 键，即可在网页中查看效果。

第 9 章

一、填空题

1. Division 表格 CSS Div
2. 块级 自动 行内 前后

3. 盒子 内容区 边框
4. 分块 CSS content footer

二、判断题

1. ×
2. √
3. ×
4. √

三、思考题

1. \<span>标记与\<div>标记一样，作为容器标记而被广泛应用在 HTML 语言中，在\<span>与\</span>中间同样可以容纳各种 HTML 元素，从而形成独立的对象。

2. 在 CSS 中，position 属性有四个可选值，分别是 static、absolute、fixed、relative，其中 static 是默认值。

第 10 章

一、填空题

1. AP 元素 绝对位置 文本 任何网页
2. AP 元素 重叠 可见性 堆叠
3. 底部 顶部

二、判断题

1. √
2. ×
3. ×

三、思考题

1. 新建 HTML 文件，选择【插入】→【布局对象】→AP Div 命令。此时，在编辑窗口中可以看到一个方形的框，这样即可完成创建普通 AP Div 的操作。

2. 打开【AP 元素】面板，在【标题栏】左侧，单击【眼睛】图标，这样即可在列表框中创建【眼睛】按钮。单击【眼睛】按钮，当【眼睛】图标变为闭眼状态时，用

户可以隐藏 AP Div。再次单击【眼睛】按钮，当【眼睛】图标变为睁开状态时，这样即可再次显示 AP Div。

第 11 章

一、填空题

1. 导航 简单明了 两部分 框架集
2. 区域 集合 框架数 尺寸
3. 边框 所有边框

二、判断题

1. √
2. √
3. ×
4. ×

三、思考题

1. 启动 Dreamweaver CS6，选择【插入】→HTML→【框架】→【右对齐】命令。弹出【框架标签辅助功能属性】对话框，设置【框架】及【标题】参数，单击【确定】按钮。通过以上方法即可完成创建框架集的操作。

2. 打开创建 IFrame 框架的素材文件，选择准备制作链接的图像，在【属性】面板中，设置【链接】地址，并在【目标】下拉列表框中输入文本。保存文档，按 F12 键，在弹出的浏览器中，将光标移动至设置链接的图片上并单击。此时，框架内的图像被链接到新地址中，这样即可完成制作 IFrame 框架页面链接的操作。

第 12 章

一、填空题

1. 可编辑区域 模板 编辑
2. 图像 声音 Adobe Flash

3. 重复区域　表格　其他页面

二、判断题

1. ×
2. √
3. √
4. ×

三、思考题

1. 启动 Dreamweaver CS6，选择【文件】→【新建】命令。弹出【新建文档】对话框，选择【空白页】选项卡，在【页面类型】列表框中选择【HTML 模板】选项，在【布局】列表框中选择【无】选项，单击【创建】按钮，这样即可创建新模板。

2. 启动 Dreamweaver CS6，选择【文件】→【新建】命令。弹出【新建文档】对话框，选择【空白页】选项卡，在【页面类型】列表框中选择【库项目】选项，单击【创建】按钮。此时，页面中即会显示新建的库文档。

第 13 章

一、填空题

1. 新窗口　弹出菜单　变换图像
2. 播放声音　弹出提示信息
3. 交互行为　替换

二、判断题

1. √
2. ×
3. √

三、思考题

1. 启动 Dreamweaver CS6，创建 HTML 文件，在【行为】面板中，单击【添加】按钮，在弹出的菜单中，选择【弹出信

息】命令。弹出【弹出信息】对话框，在【消息】文本框中输入文本，单击【确定】按钮。保存页面，按 F12 键，即可在浏览器中预览页面效果。

2. 打开素材文件，在【行为】面板中，单击【添加】按钮，在弹出的菜单中，选择【转到 URL】命令。弹出【转到 URL】对话框，单击【浏览】按钮，选择准备调整 URL 的网页文件，单击【确定】按钮。保存页面，按 F12 键，即可在浏览器中预览页面效果。

第 14 章

一、填空题

1. 目标浏览器　跳转　时间缩短
2. 电子刊物　会员通讯　电子邮件广告
3. 兼容性　标签　不正常
4. 栏目的规划　文件的审阅

二、判断题

1. √
2. ×
3. √
4. ×

三、思考题

1. 启动 Dreamweaver CS6，在【文件】面板中，选中准备上传的文件或文件夹，单击【上传】按钮，此时，Dreamweaver CS6 会自动将选中的文件或文件夹上传到远程服务器，然后，在远端站点即可显示刚刚上传的文件。

2. 启动 Dreamweaver CS6，在【文件】面板中，单击【链接】按钮，然后选择准备下载的文件或文件夹，并单击【获取文件】按钮，即可将远端服务器上的文件下载到本地计算机中。